JN065270

はじめに

かつて、そろばん教室を主宰していた頃、インドでは「二桁かけざん九九」のブームを迎えており、小さいお子さんをはじめ学生たちの計算力がグングンと向上したり、全体の数学力がアップしている様子をたのもしく、また、羨ましく眺めておりました。実際のところ、現代の AI 分野の最先端技術の多くはインドのソフト開発者やエンジニアが担っているとさえ言われています。

そんななか、ふと、日本には「二桁かけざん九九」を学習するツールやドリルなどの学習書が出版されていないことに気付きました。そのような世界の趨勢を知っている人すら少ないようでした。

そこで本書の底本となる『村上式速算九九×九九（クー・クー）』を作成し、自分の教室などで積極的に、この「九九」の浸透活動に励みました。この活動を通して、生徒たちは、しっかりとその素養を身につけ、すくすくと巣立っていきました。

今回これをさらに使いやすく、より多くの人に算数や計算により興味をお持ちいただくために、数学トピックをちりばめた『数字にちょっと強くなる二桁かけざん九九（99 × 99=9801 クークー　クハレイ）』を出版することにいたしました。

文字通り「世界は数字で動いて」おり、言わば、名前と数字は一生ついて廻ることをこの本で実感していただきたいと思います。

子供から大人までみんなで楽しめる「二桁かけざん九九」は身につけば一生ものです。また、本書で解説した「楽々計算法」をマスターすれば、日々の生活の中で遭遇する「計算」を必要とするような状況で、スマホや電卓よりもスマートに、そしてあっという間に答えをはじき出してしまうのです。このような思考回路を常時鍛錬することで、同時に頭脳の活性化も促進されます。

数字は多くの未知なる力を持っています。本書が、読者の皆様と数字の仲を取り持つよいきっかけになってくれれば、私の幸せこれに勝るものはございません。

みなさん、ぜひ、楽しみながら数字と仲良くなりましょう。

「世界は１２３４５６７８９０の数字で動いている。」

令和２年８月吉日

村上 邦男

この本の使い方

数字の読み方について

0	レ	0 0	レー	0 1	レイ
1	イ	1 1	イー	0 2	レニ
2	ニ	2 2	ニー	0 3	レサ
3	サ	3 3	サー	0 4	レヨ
4	ヨ	4 4	ヨー	0 5	レゴ
5	ゴ	5 5	ゴー	0 6	レロ
6	ロ	6 6	ロー	0 7	レナ
7	ナ	7 7	ナー	0 8	レハ
8	ハ	8 8	ハー	0 9	レク
9	ク	9 9	クー		

例　2はニ、22はニー、02はレニ（1桁のかけざんの時は頭に0をつける）
同じ数字は伸ばして読みましょう。

例　15 × 96 = 1440
イゴ　クロ　イヨヨレ ➡ イヨーレ

77 × 88 = 6776
ナー　ハー　ロナナロ ➡ ロナーロ

暗記用シート(赤)を使用できます。

注意すること

2けたかけざんですから1けた×2けた、2けた×1けたの時は1けたの頭に0をつけます。

例　8 × 43 = 344 ➡ 08 × 43 = 344
ハ　ヨサ　サヨー ➡ レハ　ヨサ　サヨー

84 × 3 = 252 ➡ 84 × 03 = 252
ハヨ　サ　ニゴニ ➡ ハヨ　レサ　ニゴニ

左側上下のようにハヨサと読み方が同じで答えにちがいが出てしまうので1けたの頭に0をつけましょう。

なお、各段の計算では、暗算で答えが出せそうなものについては省略しています。

この速算九九×九九（クー・クー）は全数字を統一して読みますので速算に最適です。かけざん九×九は誰でも知っているひらがなのようなもの、この九九×九九（クー・クー）は一つ一つ覚えることで漢字だと思えばよいと思います。この表で覚えたところは記録して少しずつ頭に入れて楽しんでください。家族、友達などで早読みを読み合って楽しんで頭の体操で脳をいきいきさせて老化防止にも役立てて下さい。覚え方は自分なりに考えてもよいでしょう。

覚えやすいところから入ってもよいでしょう。記憶した九九×九九の近い数字の計算でも応用できます。

数字は一生ついて廻る

数字にちょっと強くなる
二桁かけざん九九

99×99=9801
クー クー クハレイ

目次

1
2
3
4
5

03

03 × 16 = 48	レサイロ　ヨハ	03 × 58 = 174	レサゴハ　イナヨ
03 × 17 = 51	レサイナ　ゴイ	03 × 66 = 198	レサロー　イクハ
03 × 18 = 54	レサイハ　ゴヨ	03 × 67 = 201	レサロナ　ニレイ
03 × 26 = 78	レサニロ　ナハ	03 × 68 = 204	レサロハ　ニレヨ
03 × 27 = 81	レサニナ　ハイ	03 × 76 = 228	レサナロ　ニニハ
03 × 28 = 84	レサニハ　ハヨ	03 × 77 = 231	レサナー　ニサイ
03 × 36 = 108	レササロ　イレハ	03 × 78 = 234	レサナハ　ニサヨ
03 × 37 = 111	レササナ　イイー	03 × 86 = 258	レサハロ　ニゴハ
03 × 38 = 114	レササハ　イイヨ	03 × 87 = 261	レサハナ　ニロイ
03 × 46 = 138	レサヨロ　イサハ	03 × 88 = 264	レサハー　ニロヨ
03 × 47 = 141	レサヨナ　イヨイ	03 × 96 = 288	レサクロ　ニハー
03 × 48 = 144	レサヨハ　イヨー	03 × 97 = 291	レサクナ　ニクイ
03 × 56 = 168	レサゴロ　イロハ	03 × 98 = 294	レサクハ　ニクヨ
03 × 57 = 171	レサゴナ　イナイ		

トピック

大きい数はいくつまであるのでしょうか？

大きな数にはいくつまで単位があるのか知っていますか。一（いち）、十（じゅう）、百（ひゃく）、千（せん）、万（まん）、億（おく）、兆（ちょう）・・・このあたりまではすでに知っているかもしれませんね。まだ先があるのです。京(けい)、垓(がい)、秭（じょ）、穣（じょう）、溝（こう）、澗（かん）、正（せい）、載（さい）、極（ごく）、恒河沙（こうがしゃ）、阿僧祇（あそうぎ）、那由他（なゆた）、不可思議（ふかしぎ）、無量大数（むりょうたいすう）。使われている漢字から大きさが想像できますか。

04

04 × 26 = 104	レヨニロ　イレヨ	04 × 66 = 264	レヨロー　ニロヨ
04 × 27 = 108	レヨニナ　イレハ	04 × 67 = 268	レヨロナ　ニロハ
04 × 28 = 112	レヨニハ　イイニ	04 × 68 = 272	レヨロハ　ニナニ
04 × 36 = 144	レヨサロ　イヨー	04 × 76 = 304	レヨナロ　サレヨ
04 × 37 = 148	レヨサナ　イヨハ	04 × 77 = 308	レヨナー　サレハ
04 × 38 = 152	レヨサハ　イゴニ	04 × 78 = 312	レヨナハ　サイニ
04 × 46 = 184	レヨヨロ　イハヨ	04 × 86 = 344	レヨハロ　サヨー
04 × 47 = 188	レヨヨナ　イハー	04 × 87 = 348	レヨハナ　サヨハ
04 × 48 = 192	レヨヨハ　イクニ	04 × 88 = 352	レヨハー　サゴニ
04 × 56 = 224	レヨゴロ　ニニヨ	04 × 96 = 384	レヨクロ　サハヨ
04 × 57 = 228	レヨゴナ　ニニハ	04 × 97 = 388	レヨクナ　サハー
04 × 58 = 232	レヨゴハ　ニサニ	04 × 98 = 392	レヨクハ　サクニ

05

05 × 37 = 185	レゴサナ　イハゴ	05 × 77 = 385	レゴナー　サハゴ
05 × 47 = 235	レゴヨナ　ニサゴ	05 × 87 = 435	レゴハナ　ヨサゴ
05 × 57 = 285	レゴゴナ　ニハゴ	05 × 97 = 485	レゴクナ　ヨハゴ
05 × 67 = 335	レゴロナ　ササゴ		

06

06 × 14 = 84	レロイヨ　ハヨ	06 × 57 = 342	レロゴナ　サヨニ
06 × 16 = 96	レロイロ　クロ	06 × 58 = 348	レロゴハ　サヨハ
06 × 17 = 102	レロイナ　イレニ	06 × 64 = 384	レロロヨ　サハヨ
06 × 18 = 108	レロイハ　イレハ	06 × 66 = 396	レロロー　サクロ
06 × 24 = 144	レロニヨ　イヨー	06 × 67 = 402	レロロナ　ヨレニ
06 × 26 = 156	レロニロ　イゴロ	06 × 68 = 408	レロロハ　ヨレハ
06 × 27 = 162	レロニナ　イロニ	06 × 74 = 444	レロナヨ　ヨヨー
06 × 28 = 168	レロニハ　イロハ	06 × 76 = 456	レロナロ　ヨゴロ
06 × 34 = 204	レロサヨ　ニレヨ	06 × 77 = 462	レロナー　ヨロニ
06 × 36 = 216	レロサロ　ニイロ	06 × 78 = 468	レロナハ　ヨロハ
06 × 37 = 222	レロサナ　ニニー	06 × 84 = 504	レロハヨ　ゴレヨ
06 × 38 = 228	レロサハ　ニニハ	06 × 86 = 516	レロハロ　ゴイロ
06 × 44 = 264	レロヨー　ニロヨ	06 × 87 = 522	レロハナ　ゴニー
06 × 46 = 276	レロヨロ　ニナロ	06 × 88 = 528	レロハー　ゴニハ
06 × 47 = 282	レロヨナ　ニハニ	06 × 94 = 564	レロクヨ　ゴロヨ
06 × 48 = 288	レロヨハ　ニハー	06 × 96 = 576	レロクロ　ゴナロ
06 × 54 = 324	レロゴヨ　サニヨ	06 × 97 = 582	レロクナ　ゴハニ
06 × 56 = 336	レロゴロ　ササロ	06 × 98 = 588	レロクハ　ゴハー

07 × 13 = 91	レナイサ　クイ
07 × 14 = 98	レナイヨ　クハ
07 × 15 = 105	レナイゴ　イレゴ
07 × 16 = 112	レナイロ　イイニ
07 × 17 = 119	レナイナ　イイク
07 × 18 = 126	レナイハ　イニロ
07 × 23 = 161	レナニサ　イロイ
07 × 24 = 168	レナニヨ　イロハ
07 × 25 = 175	レナニゴ　イナゴ
07 × 26 = 182	レナニロ　イハニ
07 × 27 = 189	レナニナ　イハク
07 × 28 = 196	レナニハ　イクロ
07 × 34 = 238	レナサヨ　ニサハ
07 × 36 = 252	レナサロ　ニゴニ
07 × 37 = 259	レナサナ　ニゴク
07 × 38 = 266	レナサハ　ニロー
07 × 43 = 301	レナヨサ　サレイ
07 × 44 = 308	レナヨー　サレハ
07 × 45 = 315	レナヨゴ　サイゴ
07 × 46 = 322	レナヨロ　サニー
07 × 47 = 329	レナヨナ　サニク
07 × 48 = 336	レナヨハ　ササロ
07 × 53 = 371	レナゴサ　サナイ
07 × 54 = 378	レナゴヨ　サナハ
07 × 56 = 392	レナゴロ　サクニ
07 × 57 = 399	レナゴナ　サクー
07 × 58 = 406	レナゴハ　ヨレロ
07 × 63 = 441	レナロサ　ヨヨイ
07 × 64 = 448	レナロヨ　ヨヨハ
07 × 65 = 455	レナロゴ　ヨゴー
07 × 67 = 469	レナロナ　ヨロク
07 × 68 = 476	レナロハ　ヨナロ
07 × 73 = 511	レナナサ　ゴイー
07 × 74 = 518	レナナヨ　ゴイハ
07 × 75 = 525	レナナゴ　ゴニゴ
07 × 76 = 532	レナナロ　ゴサニ
07 × 77 = 539	レナナー　ゴサク
07 × 78 = 546	レナナハ　ゴヨロ
07 × 83 = 581	レナハサ　ゴハイ
07 × 84 = 588	レナハヨ　ゴハー
07 × 85 = 595	レナハゴ　ゴクゴ
07 × 86 = 602	レナハロ　ロレニ
07 × 87 = 609	レナハナ　ロレク
07 × 88 = 616	レナハー　ロイロ
07 × 93 = 651	レナクサ　ロゴイ
07 × 94 = 658	レナクヨ　ロゴハ
07 × 95 = 665	レナクゴ　ロロゴ
07 × 96 = 672	レナクロ　ロナニ
07 × 97 = 679	レナクナ　ロナク
07 × 98 = 686	レナクハ　ロハロ

08

08 × 13 = 104	レハイサ　イレヨ
08 × 14 = 112	レハイヨ　イイニ
08 × 16 = 128	レハイロ　イニハ
08 × 17 = 136	レハイナ　イサロ
08 × 18 = 144	レハイハ　イヨー
08 × 23 = 184	レハニサ　イハヨ
08 × 24 = 192	レハニヨ　イクニ
08 × 26 = 208	レハニロ　ニレハ
08 × 27 = 216	レハニナ　ニイロ
08 × 28 = 224	レハニハ　ニニヨ
08 × 32 = 256	レハサニ　ニゴロ
08 × 33 = 264	レハサー　ニロヨ
08 × 34 = 272	レハサヨ　ニナニ
08 × 36 = 288	レハサロ　ニハー
08 × 37 = 296	レハサナ　ニクロ
08 × 38 = 304	レハサハ　サレヨ
08 × 43 = 344	レハヨサ　サヨー
08 × 44 = 352	レハヨー　サゴニ
08 × 46 = 368	レハヨロ　サロハ
08 × 47 = 376	レハヨナ　サナロ
08 × 48 = 384	レハヨハ　サハヨ
08 × 53 = 424	レハゴサ　ヨニヨ
08 × 54 = 432	レハゴヨ　ヨサニ
08 × 56 = 448	レハゴロ　ヨヨハ
08 × 57 = 456	レハゴナ　ヨゴロ
08 × 58 = 464	レハゴハ　ヨロヨ
08 × 62 = 496	レハロニ　ヨクロ
08 × 63 = 504	レハロサ　ゴレヨ
08 × 64 = 512	レハロヨ　ゴイニ
08 × 66 = 528	レハロー　ゴニハ
08 × 67 = 536	レハロナ　ゴサロ
08 × 68 = 544	レハロハ　ゴヨー
08 × 73 = 584	レハナサ　ゴハヨ
08 × 74 = 592	レハナヨ　ゴクニ
08 × 76 = 608	レハナロ　ロレハ
08 × 77 = 616	レハナー　ロイロ
08 × 78 = 624	レハナハ　ロニヨ
08 × 83 = 664	レハハサ　ロロヨ
08 × 84 = 672	レハハヨ　ロナニ
08 × 86 = 688	レハハロ　ロハー
08 × 87 = 696	レハハナ　ロクロ
08 × 88 = 704	レハハー　ナレヨ
08 × 92 = 736	レハクニ　ナサロ
08 × 93 = 744	レハクサ　ナヨー
08 × 94 = 752	レハクヨ　ナゴニ
08 × 96 = 768	レハクロ　ナロハ
08 × 97 = 776	レハクナ　ナナロ
08 × 98 = 784	レハクハ　ナハヨ

09 × 13 = 117	レクイサ　イイナ
09 × 14 = 126	レクイヨ　イニロ
09 × 15 = 135	レクイゴ　イサゴ
09 × 16 = 144	レクイロ　イヨー
09 × 17 = 153	レクイナ　イゴサ
09 × 18 = 162	レクイハ　イロニ
09 × 23 = 207	レクニサ　ニレナ
09 × 24 = 216	レクニヨ　ニイロ
09 × 25 = 225	レクニゴ　ニニゴ
09 × 26 = 234	レクニロ　ニサヨ
09 × 27 = 243	レクニナ　ニヨサ
09 × 28 = 252	レクニハ　ニゴニ
09 × 33 = 297	レクサー　ニクナ
09 × 34 = 306	レクサヨ　サレロ
09 × 35 = 315	レクサゴ　サイゴ
09 × 36 = 324	レクサロ　サニヨ
09 × 37 = 333	レクサナ　ササー
09 × 38 = 342	レクサハ　サヨニ
09 × 43 = 387	レクヨサ　サハナ
09 × 44 = 396	レクヨー　サクロ
09 × 45 = 405	レクヨゴ　ヨレゴ
09 × 46 = 414	レクヨロ　ヨイヨ
09 × 47 = 423	レクヨナ　ヨニサ
09 × 48 = 432	レクヨハ　ヨサニ
09 × 53 = 477	レクゴサ　ヨナー
09 × 54 = 486	レクゴヨ　ヨハロ
09 × 56 = 504	レクゴロ　ゴレヨ
09 × 57 = 513	レクゴナ　ゴイサ
09 × 58 = 522	レクゴハ　ゴニー
09 × 63 = 567	レクロサ　ゴロナ
09 × 64 = 576	レクロヨ　ゴナロ
09 × 65 = 585	レクロゴ　ゴハゴ
09 × 67 = 603	レクロナ　ロレサ
09 × 68 = 612	レクロハ　ロイニ
09 × 73 = 657	レクナサ　ロゴナ
09 × 74 = 666	レクナヨ　ロロー
09 × 75 = 675	レクナゴ　ロナゴ
09 × 76 = 684	レクナロ　ロハヨ
09 × 78 = 702	レクナハ　ナレニ
09 × 83 = 747	レクハサ　ナサナ
09 × 84 = 756	レクハヨ　ナゴロ
09 × 85 = 765	レクハゴ　ナロゴ
09 × 86 = 774	レクハロ　ナナヨ
09 × 87 = 783	レクハナ　ナハサ
09 × 88 = 792	レクハー　ナクニ
09 × 93 = 837	レククサ　ハサナ
09 × 94 = 846	レククヨ　ハヨロ
09 × 96 = 864	レククロ　ハロヨ
09 × 97 = 873	レククナ　ハナサ
09 × 98 = 882	レククハ　ハハニ

11

$11 \times 12 = 132$	イーイニ　イサニ
$11 \times 13 = 143$	イーイサ　イヨサ
$11 \times 14 = 154$	イーイヨ　イゴヨ
$11 \times 15 = 165$	イーイゴ　イロゴ
$11 \times 16 = 176$	イーイロ　イナロ
$11 \times 17 = 187$	イーイナ　イハナ
$11 \times 18 = 198$	イーイハ　イクハ
$11 \times 22 = 242$	イーニー　ニヨニ
$11 \times 23 = 253$	イーニサ　ニゴサ
$11 \times 24 = 264$	イーニヨ　ニロヨ
$11 \times 25 = 275$	イーニゴ　ニナゴ
$11 \times 26 = 286$	イーニロ　ニハロ
$11 \times 27 = 297$	イーニナ　ニクナ
$11 \times 28 = 308$	イーニハ　サレハ
$11 \times 32 = 352$	イーサニ　サゴニ
$11 \times 33 = 363$	イーサー　サロサ
$11 \times 34 = 374$	イーサヨ　サナヨ
$11 \times 35 = 385$	イーサゴ　サハゴ
$11 \times 36 = 396$	イーサロ　サクロ
$11 \times 37 = 407$	イーサナ　ヨレナ
$11 \times 38 = 418$	イーサハ　ヨイハ
$11 \times 42 = 462$	イーヨニ　ヨロニ
$11 \times 43 = 473$	イーサヨ　ヨナサ
$11 \times 44 = 484$	イーヨー　ヨハヨ
$11 \times 45 = 495$	イーヨゴ　ヨクゴ
$11 \times 46 = 506$	イーヨロ　ゴレロ
$11 \times 47 = 517$	イーヨナ　ゴイナ
$11 \times 48 = 528$	イーヨハ　ゴニハ
$11 \times 52 = 572$	イーゴニ　ゴナニ
$11 \times 53 = 583$	イーゴサ　ゴハサ
$11 \times 54 = 594$	イーゴヨ　ゴクヨ
$11 \times 55 = 605$	イーゴー　ロレゴ
$11 \times 56 = 616$	イーゴロ　ロイロ
$11 \times 57 = 627$	イーゴナ　ロニナ
$11 \times 58 = 638$	イーゴハ　ロサハ
$11 \times 62 = 682$	イーロニ　ロハニ
$11 \times 63 = 693$	イーロサ　ロクサ
$11 \times 64 = 704$	イーロヨ　ナレヨ
$11 \times 65 = 715$	イーロゴ　ナイゴ
$11 \times 66 = 726$	イーロー　ナニロ
$11 \times 67 = 737$	イーロナ　ナサナ
$11 \times 68 = 748$	イーロハ　ナヨハ
$11 \times 72 = 792$	イーナニ　ナクニ
$11 \times 73 = 803$	イーナサ　ハレサ
$11 \times 74 = 814$	イーナヨ　ハイヨ
$11 \times 75 = 825$	イーナゴ　ハニゴ
$11 \times 76 = 836$	イーナロ　ハサロ
$11 \times 77 = 847$	イーナー　ハヨナ
$11 \times 78 = 858$	イーナハ　ハゴハ
$11 \times 82 = 902$	イーハニ　クレニ

11 × 83 = 913	イーハサ　クイサ	11 × 93 = 1023	イークサ　イレニサ
11 × 84 = 924	イーハヨ　クニヨ	11 × 94 = 1034	イークヨ　イレサヨ
11 × 85 = 935	イーハゴ　クサゴ	11 × 95 = 1045	イークゴ　イレヨゴ
11 × 86 = 946	イーハロ　クヨロ	11 × 96 = 1056	イークロ　イレゴロ
11 × 87 = 957	イーハナ　クゴナ	11 × 97 = 1067	イークナ　イレロナ
11 × 88 = 968	イーハー　クロハ	11 × 98 = 1078	イークハ　イレナハ
11 × 92 = 1012	イークニ　イレイニ		

●●トピック●●

知って得する　計量単位の頭につけることば

いろんな計量単位（重さ、水の量、距離など）の頭につけると、10、100、1000倍…や10分の1、100分の1、1000分の1…のように、変化させる補助の記号があります。ちょっと紹介してみましょう。（単位によっては付かないものもあります）。

《大きくする記号》
例）メートル（m）に「キロ」をつけると1000倍になり、「1キロメートル」（1㎞）。

記号	読み方	意味合い
da	デカ	十倍
h	ヘクト	百倍
k	キロ	千倍
M	メガ	百万倍
G	ギガ	十億倍
T	テラ	一兆倍

《小さくする記号》
例）リットル（ℓ）に「ミリ」をつけると1000分の1の「1ミリリットル」（1mℓ）。

記号	読み方	意味合い
p	ピコ	一兆分の一
n	ナノ	十億分の一
μ	マイクロ	百万分の一
m	ミリ	千分の一
c	センチ	百分の一
d	デジ	十分の一

12

12 × 12 =	144	イニイニ　イヨー
12 × 13 =	156	イニイサ　イゴロ
12 × 14 =	168	イニイヨ　イロハ
12 × 15 =	180	イニイゴ　イハレ
12 × 16 =	192	イニイロ　イクニ
12 × 17 =	204	イニイナ　ニレヨ
12 × 18 =	216	イニイハ　ニイロ
12 × 22 =	264	イニニー　ニロヨ
12 × 23 =	276	イニニサ　ニナロ
12 × 24 =	288	イニニヨ　ニハー
12 × 25 =	300	イニニゴ　サレー
12 × 26 =	312	イニニロ　サイニ
12 × 27 =	324	イニニナ　サニヨ
12 × 28 =	336	イニニハ　ササロ
12 × 32 =	384	イニサニ　サハヨ
12 × 33 =	396	イニサー　サクロ
12 × 34 =	408	イニサヨ　ヨレハ
12 × 35 =	420	イニサゴ　ヨニレ
12 × 36 =	432	イニサロ　ヨサニ
12 × 37 =	444	イニサナ　ヨヨー
12 × 38 =	456	イニサハ　ヨゴロ
12 × 42 =	504	イニヨニ　ゴレヨ
12 × 43 =	516	イニサヨ　ゴイロ
12 × 44 =	528	イニヨー　ゴニハ
12 × 45 =	540	イニヨゴ　ゴヨレ
12 × 46 =	552	イニヨロ　ゴゴニ
12 × 47 =	564	イニヨナ　ゴロヨ
12 × 48 =	576	イニヨハ　ゴナロ
12 × 52 =	624	イニゴニ　ロニヨ
12 × 53 =	636	イニゴサ　ロサロ
12 × 54 =	648	イニゴヨ　ロヨハ
12 × 55 =	660	イニゴー　ロロレ
12 × 56 =	672	イニゴロ　ロナニ
12 × 57 =	684	イニゴナ　ロハヨ
12 × 58 =	696	イニゴハ　ロクロ
12 × 62 =	744	イニロニ　ナヨー
12 × 63 =	756	イニロサ　ナゴロ
12 × 64 =	768	イニロヨ　ナロハ
12 × 65 =	780	イニロゴ　ナハレ
12 × 66 =	792	イニロー　ナクニ
12 × 67 =	804	イニロナ　ハレヨ
12 × 68 =	816	イニロハ　ハイロ
12 × 72 =	864	イニナニ　ハロヨ
12 × 73 =	876	イニナサ　ハナロ
12 × 74 =	888	イニナヨ　ハハー
12 × 75 =	900	イニナゴ　クレー
12 × 76 =	912	イニナロ　クイニ
12 × 77 =	924	イニナー　クニヨ
12 × 78 =	936	イニナハ　クサロ
12 × 82 =	984	イニハニ　クハヨ

12 × 83 = 996	イニハサ　ククロ	12 × 93 = 1116	イニクサ　イーイロ
12 × 84 = 1008	イニハヨ　イレレハ	12 × 94 = 1128	イニクヨ　イーニハ
12 × 85 = 1020	イニハゴ　イレニレ	12 × 95 = 1140	イニクゴ　イーヨレ
12 × 86 = 1032	イニハロ　イレサニ	12 × 96 = 1152	イニクロ　イーゴニ
12 × 87 = 1044	イニハナ　イレヨー	12 × 97 = 1164	イニクナ　イーロヨ
12 × 88 = 1056	イニハー　イレゴロ	12 × 98 = 1176	イニクハ　イーナロ
12 × 92 = 1104	イニクニ　イーレヨ		

トピック

小さい数はいくつまであるのでしょうか？

1以下の数の単位はどこまであるのか知っていますか。割(わり)、分(ぶ)、厘(りん)あたりまでは覚えたかもしれませんね。
まだ先があるのです。毛（もう)、糸（し)、忽（こつ)、微（び)、繊（せん)、沙（しゃ)、塵(じん)、埃(あい)、渺(びょう)、漠(ばく)、模糊（もこ)、逡巡（しゅんじゅん)、須臾（しゅゆ)、瞬息（しゅんそく)、弾指(だんし)、刹那（せつな)、六徳（りっとく)、虚（こ)、空（くう)、清（せい)、浄（じょう)。
使われている漢字からどのくらい小さいのか想像できますか。

13

13 × 12 = 156	イサイニ　イゴロ	13 × 46 = 598	イサヨロ　ゴクハ
13 × 13 = 169	イサイサ　イロク	13 × 47 = 611	イサヨナ　ロイー
13 × 14 = 182	イサイヨ　イハニ	13 × 48 = 624	イサヨハ　ロニヨ
13 × 15 = 195	イサイゴ　イクゴ	13 × 52 = 676	イサゴニ　ロナロ
13 × 16 = 208	イサイロ　ニレハ	13 × 53 = 689	イサゴサ　ロハク
13 × 17 = 221	イサイナ　ニニイ	13 × 54 = 702	イサゴヨ　ナレニ
13 × 18 = 234	イサイハ　ニサヨ	13 × 55 = 715	イサゴー　ナイゴ
13 × 22 = 286	イサニー　ニハロ	13 × 56 = 728	イサゴロ　ナニハ
13 × 23 = 299	イサニサ　ニクー	13 × 57 = 741	イサゴナ　ナヨイ
13 × 24 = 312	イサニヨ　サイニ	13 × 58 = 754	イサゴハ　ナゴヨ
13 × 25 = 325	イサニゴ　サニゴ	13 × 62 = 806	イサロニ　ハレロ
13 × 26 = 338	イサニロ　ササハ	13 × 63 = 819	イサロサ　ハイク
13 × 27 = 351	イサニナ　サゴイ	13 × 64 = 832	イサロヨ　ハサニ
13 × 28 = 364	イサニハ　サロヨ	13 × 65 = 845	イサロゴ　ハヨゴ
13 × 32 = 416	イササニ　ヨイロ	13 × 66 = 858	イサロー　ハゴハ
13 × 33 = 429	イササー　ヨニク	13 × 67 = 871	イサロナ　ハナイ
13 × 34 = 442	イササヨ　ヨヨニ	13 × 68 = 884	イサロハ　ハハヨ
13 × 35 = 455	イササゴ　ヨゴー	13 × 72 = 936	イサナニ　クサロ
13 × 36 = 468	イササロ　ヨロハ	13 × 73 = 949	イサナサ　クヨク
13 × 37 = 481	イササナ　ヨハイ	13 × 74 = 962	イサナヨ　クロニ
13 × 38 = 494	イササハ　ヨクヨ	13 × 75 = 975	イサナゴ　クナゴ
13 × 42 = 546	イサヨニ　ゴヨロ	13 × 76 = 988	イサナロ　クハー
13 × 43 = 559	イサヨサ　ゴゴク	13 × 77 = 1001	イサナー　イレレイ
13 × 44 = 572	イサヨー　ゴナニ	13 × 78 = 1014	イサナハ　イレイヨ
13 × 45 = 585	イサヨゴ　ゴハゴ	13 × 82 = 1066	イサハニ　イレロー

13

13 × 83 = 1079	イサハサ　イレナク	13 × 93 = 1209	イサクサ　イニレク
13 × 84 = 1092	イサハヨ　イレクニ	13 × 94 = 1222	イサクヨ　イニニー
13 × 85 = 1105	イサハゴ　イーレゴ	13 × 95 = 1235	イサクゴ　イニサゴ
13 × 86 = 1118	イサハロ　イーイハ	13 × 96 = 1248	イサクロ　イニヨハ
13 × 87 = 1131	イサハナ　イーサイ	13 × 97 = 1261	イサクナ　イニロイ
13 × 88 = 1144	イサハー　イーヨー	13 × 98 = 1274	イサクハ　イニナヨ
13 × 92 = 1196	イサクニ　イークロ		

14

14 × 12 = 168	イヨイニ　イロハ	14 × 28 = 392	イヨニハ　サクニ
14 × 13 = 182	イヨイサ　イハニ	14 × 32 = 448	イヨサニ　ヨヨハ
14 × 14 = 196	イヨイヨ　イクロ	14 × 33 = 462	イヨサー　ヨロニ
14 × 15 = 210	イヨイゴ　ニイレ	14 × 34 = 476	イヨサヨ　ヨナロ
14 × 16 = 224	イヨイロ　ニニヨ	14 × 35 = 490	イヨサゴ　ヨクレ
14 × 17 = 238	イヨイナ　ニサハ	14 × 36 = 504	イヨサロ　ゴレヨ
14 × 18 = 252	イヨイハ　ニゴニ	14 × 37 = 518	イヨサナ　ゴイハ
14 × 22 = 308	イヨニー　サレハ	14 × 38 = 532	イヨサハ　ゴサニ
14 × 23 = 322	イヨニサ　サニー	14 × 42 = 588	イヨヨニ　ゴハー
14 × 24 = 336	イヨニヨ　ササロ	14 × 43 = 602	イヨヨサ　ロレニ
14 × 25 = 350	イヨニゴ　サゴレ	14 × 44 = 616	イヨヨー　ロイロ
14 × 26 = 364	イヨニロ　サロヨ	14 × 45 = 630	イヨヨゴ　ロサレ
14 × 27 = 378	イヨニナ　サナハ	14 × 46 = 644	イヨヨロ　ロヨー

14

14 × 47 = 658	イヨヨナ　ロゴハ
14 × 48 = 672	イヨヨハ　ロナニ
14 × 52 = 728	イヨゴニ　ナニハ
14 × 53 = 742	イヨゴサ　ナヨニ
14 × 54 = 756	イヨゴヨ　ナゴロ
14 × 55 = 770	イヨゴー　ナナレ
14 × 56 = 784	イヨゴロ　ナハヨ
14 × 57 = 798	イヨゴナ　ナクハ
14 × 58 = 812	イヨゴハ　ハイニ
14 × 62 = 868	イヨロニ　ハロハ
14 × 63 = 882	イヨロサ　ハハニ
14 × 64 = 896	イヨロヨ　ハクロ
14 × 65 = 910	イヨロゴ　クイレ
14 × 66 = 924	イヨロー　クニヨ
14 × 67 = 938	イヨロナ　クサハ
14 × 68 = 952	イヨロハ　クゴニ
14 × 72 = 1008	イヨナニ　イレレハ
14 × 73 = 1022	イヨナサ　イレニー
14 × 74 = 1036	イヨナヨ　イレサロ
14 × 75 = 1050	イヨナゴ　イレゴレ
14 × 76 = 1064	イヨナロ　イレロヨ
14 × 77 = 1078	イヨナー　イレナハ
14 × 78 = 1092	イヨナハ　イレクニ
14 × 82 = 1148	イヨハニ　イーヨハ
14 × 83 = 1162	イヨハサ　イーロニ
14 × 84 = 1176	イヨハヨ　イーナロ
14 × 85 = 1190	イヨハゴ　イークレ
14 × 86 = 1204	イヨハロ　イニレヨ
14 × 87 = 1218	イヨハナ　イニイハ
14 × 88 = 1232	イヨハー　イニサニ
14 × 92 = 1288	イヨクニ　イニハー
14 × 93 = 1302	イヨクサ　イサレニ
14 × 94 = 1316	イヨクヨ　イサイロ
14 × 95 = 1330	イヨクゴ　イササレ
14 × 96 = 1344	イヨクロ　イサヨー
14 × 97 = 1358	イヨクナ　イサゴハ
14 × 98 = 1372	イヨクハ　イサナニ

15 × 12 = 180	イゴイニ　イハレ	15 × 46 = 690	イゴヨロ　ロクレ
15 × 13 = 195	イゴイサ　イクゴ	15 × 47 = 705	イゴヨナ　ナレゴ
15 × 14 = 210	イゴイヨ　ニイレ	15 × 48 = 720	イゴヨハ　ナニレ
15 × 15 = 225	イゴイゴ　ニニゴ	15 × 52 = 780	イゴゴニ　ナハレ
15 × 16 = 240	イゴイロ　ニヨレ	15 × 53 = 795	イゴゴサ　ナクゴ
15 × 17 = 255	イゴイナ　ニゴー	15 × 54 = 810	イゴゴヨ　ハイレ
15 × 18 = 270	イゴイハ　ニナレ	15 × 55 = 825	イゴゴー　ハニゴ
15 × 22 = 330	イゴニー　ササレ	15 × 56 = 840	イゴゴロ　ハヨレ
15 × 23 = 345	イゴニサ　サヨゴ	15 × 57 = 855	イゴゴナ　ハゴー
15 × 24 = 360	イゴニヨ　サロレ	15 × 58 = 870	イゴゴハ　ハナレ
15 × 25 = 375	イゴニゴ　サナゴ	15 × 62 = 930	イゴロニ　クサレ
15 × 26 = 390	イゴニロ　サクレ	15 × 63 = 945	イゴロサ　クヨゴ
15 × 27 = 405	イゴニナ　ヨレゴ	15 × 64 = 960	イゴロヨ　クロレ
15 × 28 = 420	イゴニハ　ヨニレ	15 × 65 = 975	イゴロゴ　クナゴ
15 × 32 = 480	イゴサニ　ヨハレ	15 × 66 = 990	イゴロー　ククレ
15 × 33 = 495	イゴサー　ヨクゴ	15 × 67 = 1005	イゴロナ　イレレゴ
15 × 34 = 510	イゴサヨ　ゴイレ	15 × 68 = 1020	イゴロハ　イレニレ
15 × 35 = 525	イゴサゴ　ゴニゴ	15 × 72 = 1080	イゴナニ　イレハレ
15 × 36 = 540	イゴサロ　ゴヨレ	15 × 73 = 1095	イゴナサ　イレクゴ
15 × 37 = 555	イゴサナ　ゴゴー	15 × 74 = 1110	イゴナヨ　イーイレ
15 × 38 = 570	イゴサハ　ゴナレ	15 × 75 = 1125	イゴナゴ　イーニゴ
15 × 42 = 630	イゴヨニ　ロサレ	15 × 76 = 1140	イゴナロ　イーヨレ
15 × 43 = 645	イゴヨサ　ロヨゴ	15 × 77 = 1155	イゴナー　イーゴー
15 × 44 = 660	イゴヨー　ロロレ	15 × 78 = 1170	イゴナハ　イーナレ
15 × 45 = 675	イゴヨゴ　ロナゴ	15 × 82 = 1230	イゴハニ　イニサレ

15

15 × 83 = 1245 イゴハサ　イニヨゴ

15 × 84 = 1260 イゴハヨ　イニロレ

15 × 85 = 1275 イゴハゴ　イニナゴ

15 × 86 = 1290 イゴハロ　イニクレ

15 × 87 = 1305 イゴハナ　イサレゴ

15 × 88 = 1320 イゴハー　イサニレ

15 × 92 = 1380 イゴクニ　イサハレ

15 × 93 = 1395 イゴクサ　イサクゴ

15 × 94 = 1410 イゴクヨ　イヨイレ

15 × 95 = 1425 イゴクゴ　イヨニゴ

15 × 96 = 1440 イゴクロ　イヨヨレ

15 × 97 = 1455 イゴクナ　イヨゴー

15 × 98 = 1470 イゴクハ　イヨナレ

16 × 12 = 192　イロイニ　イクニ
16 × 13 = 208　イロイサ　ニレハ
16 × 14 = 224　イロイヨ　ニニヨ
16 × 15 = 240　イロイゴ　ニヨレ
16 × 16 = 256　イロイロ　ニゴロ
16 × 17 = 272　イロイナ　ニナイ
16 × 18 = 288　イロイハ　ニハー
16 × 22 = 352　イロニー　サゴニ
16 × 23 = 368　イロニサ　サロハ
16 × 24 = 384　イロニヨ　サハヨ
16 × 25 = 400　イロニゴ　ヨレー
16 × 26 = 416　イロニロ　ヨイロ
16 × 27 = 432　イロニナ　ヨサニ
16 × 28 = 448　イロニハ　ヨヨハ
16 × 32 = 512　イロサニ　ゴイニ
16 × 33 = 528　イロサー　ゴニハ
16 × 34 = 544　イロサヨ　ゴヨー
16 × 35 = 560　イロサゴ　ゴロレ
16 × 36 = 576　イロサロ　ゴナロ
16 × 37 = 592　イロサナ　ゴクニ
16 × 38 = 608　イロサハ　ロレハ
16 × 42 = 672　イロヨニ　ロナニ
16 × 43 = 688　イロヨサ　ロハー
16 × 44 = 704　イロヨー　ナレヨ
16 × 45 = 720　イロヨゴ　ナニレ

16 × 46 = 736　イロヨロ　ナサロ
16 × 47 = 752　イロヨナ　ナゴニ
16 × 48 = 768　イロヨハ　ナロハ
16 × 52 = 832　イロゴニ　ハサニ
16 × 53 = 848　イロゴサ　ハヨハ
16 × 54 = 864　イロゴヨ　ハロヨ
16 × 55 = 880　イロゴー　ハハレ
16 × 56 = 896　イロゴロ　ハクロ
16 × 57 = 912　イロゴナ　クイニ
16 × 58 = 928　イロゴハ　クニハ
16 × 62 = 992　イロロニ　ククニ
16 × 63 = 1008　イロロサ　イレレハ
16 × 64 = 1024　イロロヨ　イレニヨ
16 × 65 = 1040　イロロゴ　イレヨレ
16 × 66 = 1056　イロロー　イレゴロ
16 × 67 = 1072　イロロナ　イレナニ
16 × 68 = 1088　イロロハ　イレハー
16 × 72 = 1152　イロナニ　イーゴニ
16 × 73 = 1168　イロナサ　イーロハ
16 × 74 = 1184　イロナヨ　イーハヨ
16 × 75 = 1200　イロナゴ　イニレー
16 × 76 = 1216　イロナロ　イニイロ
16 × 77 = 1232　イロナー　イニサニ
16 × 78 = 1248　イロナハ　イニヨハ
16 × 82 = 1312　イロハニ　イサイニ

16

16 × 83 = 1328 イロハサ　イサニハ

16 × 84 = 1344 イロハヨ　イサヨー

16 × 85 = 1360 イロハゴ　イサロレ

16 × 86 = 1376 イロハロ　イサナロ

16 × 87 = 1392 イロハナ　イサクニ

16 × 88 = 1408 イロハー　イヨレハ

16 × 92 = 1472 イロクニ　イヨナニ

16 × 93 = 1488 イロクサ　イヨハー

16 × 94 = 1504 イロクヨ　イゴレヨ

16 × 95 = 1520 イロクゴ　イゴニレ

16 × 96 = 1536 イロクロ　イゴサロ

16 × 97 = 1552 イロクナ　イゴゴロ

16 × 98 = 1568 イロクハ　イゴロハ

トピック

円周率を覚えよう！

円周率 1 ～ 20 桁目

π ≒ 3.14159 26535 89793 23846

(続きは 29 ページへ)

17 × 12 =	204	イナイニ　ニレヨ
17 × 13 =	221	イナイサ　ニニイ
17 × 14 =	238	イナイヨ　ニサハ
17 × 15 =	255	イナイゴ　ニゴー
17 × 16 =	272	イナイロ　ニナニ
17 × 17 =	289	イナイナ　ニハク
17 × 18 =	306	イナイハ　サレロ
17 × 22 =	374	イナニー　サナヨ
17 × 23 =	391	イナニサ　サクイ
17 × 24 =	408	イナニヨ　ヨレハ
17 × 25 =	425	イナニゴ　ヨニゴ
17 × 26 =	442	イナニロ　ヨヨニ
17 × 27 =	459	イナニナ　ヨゴク
17 × 28 =	476	イナニハ　ヨナロ
17 × 32 =	544	イナサニ　ゴヨー
17 × 33 =	561	イナサー　ゴロイ
17 × 34 =	578	イナサヨ　ゴナハ
17 × 35 =	595	イナサゴ　ゴクゴ
17 × 36 =	612	イナサロ　ロイニ
17 × 37 =	629	イナサナ　ロニク
17 × 38 =	646	イナサハ　ロヨロ
17 × 42 =	714	イナヨニ　ナイヨ
17 × 43 =	731	イナヨサ　ナサイ
17 × 44 =	748	イナヨー　ナヨハ
17 × 45 =	765	イナヨゴ　ナロゴ
17 × 46 =	782	イナヨロ　ナハニ
17 × 47 =	799	イナヨナ　ナクー
17 × 48 =	816	イナヨハ　ハイロ
17 × 52 =	884	イナゴニ　ハハヨ
17 × 53 =	901	イナゴサ　クレイ
17 × 54 =	918	イナゴヨ　クイハ
17 × 55 =	935	イナゴー　クサゴ
17 × 56 =	952	イナゴロ　クゴニ
17 × 57 =	969	イナゴナ　クロク
17 × 58 =	986	イナゴハ　クハロ
17 × 62 =	1054	イナロニ　イレゴヨ
17 × 63 =	1071	イナロサ　イレナイ
17 × 64 =	1088	イナロヨ　イレハー
17 × 65 =	1105	イナロゴ　イーレゴ
17 × 66 =	1122	イナロー　イーニー
17 × 67 =	1139	イナロナ　イーサク
17 × 68 =	1156	イナロハ　イーゴロ
17 × 72 =	1224	イナナニ　イニニヨ
17 × 73 =	1241	イナナサ　イニヨイ
17 × 74 =	1258	イナナヨ　イニゴハ
17 × 75 =	1275	イナナゴ　イニナゴ
17 × 76 =	1292	イナナロ　イニクニ
17 × 77 =	1309	イナナー　イサレク
17 × 78 =	1326	イナナハ　イサニロ
17 × 82 =	1394	イナハニ　イサクヨ

17

17 × 83 = 1411	イナハサ　イヨイー	17 × 93 = 1581	イナクサ　イゴハイ
17 × 84 = 1428	イナハヨ　イヨニハ	17 × 94 = 1598	イナクヨ　イゴクハ
17 × 85 = 1445	イナハゴ　イヨヨゴ	17 × 95 = 1615	イナクゴ　イロイゴ
17 × 86 = 1462	イナハロ　イヨロニ	17 × 96 = 1632	イナクロ　イロサニ
17 × 87 = 1479	イナハナ　イヨナク	17 × 97 = 1649	イナクナ　イロヨク
17 × 88 = 1496	イナハー　イヨクロ	17 × 98 = 1666	イナクハ　イロロー
17 × 92 = 1564	イナクニ　イゴロヨ		

18

18 × 12 = 216	イハイニ　ニイロ	18 × 28 = 504	イハニハ　ゴレヨ
18 × 13 = 234	イハイサ　ニサヨ	18 × 32 = 576	イハサニ　ゴナロ
18 × 14 = 252	イハイヨ　ニゴニ	18 × 33 = 594	イハサー　ゴクヨ
18 × 15 = 270	イハイゴ　ニナレ	18 × 34 = 612	イハサヨ　ロイニ
18 × 16 = 288	イハイロ　ニハー	18 × 35 = 630	イハサゴ　ロサレ
18 × 17 = 306	イハイナ　サレロ	18 × 36 = 648	イハサロ　ロヨハ
18 × 18 = 324	イハイハ　サニヨ	18 × 37 = 666	イハサナ　ロロー
18 × 22 = 396	イハニー　サクロ	18 × 38 = 684	イハサハ　ロハヨ
18 × 23 = 414	イハニサ　ヨイヨ	18 × 42 = 756	イハヨニ　ナゴロ
18 × 24 = 432	イハニヨ　ヨサニ	18 × 43 = 774	イハヨサ　ナナヨ
18 × 25 = 450	イハニゴ　ヨゴレ	18 × 44 = 792	イハヨー　ナクニ
18 × 26 = 468	イハニロ　ヨロハ	18 × 45 = 810	イハヨゴ　ハイレ
18 × 27 = 486	イハニナ　ヨハロ	18 × 46 = 828	イハヨロ　ハニハ

$18 \times 47 = 846$ イハヨナ　ハヨロ

$18 \times 48 = 864$ イハヨハ　ハロヨ

$18 \times 52 = 936$ イハゴニ　クサロ

$18 \times 53 = 954$ イハゴサ　クゴヨ

$18 \times 54 = 972$ イハゴヨ　クナニ

$18 \times 55 = 990$ イハゴー　ククレ

$18 \times 56 = 1008$ イハゴロ　イレレハ

$18 \times 57 = 1026$ イハゴナ　イレニロ

$18 \times 58 = 1044$ イハゴハ　イレヨー

$18 \times 62 = 1116$ イハロニ　イーイロ

$18 \times 63 = 1134$ イハロサ　イーサヨ

$18 \times 64 = 1152$ イハロヨ　イーゴニ

$18 \times 65 = 1170$ イハロゴ　イーナレ

$18 \times 66 = 1188$ イハロー　イーハー

$18 \times 67 = 1206$ イハロナ　イニレロ

$18 \times 68 = 1224$ イハロハ　イニニヨ

$18 \times 72 = 1296$ イハナニ　イニクロ

$18 \times 73 = 1314$ イハナサ　イサイヨ

$18 \times 74 = 1332$ イハナヨ　イササニ

$18 \times 75 = 1350$ イハナゴ　イサゴレ

$18 \times 76 = 1368$ イハナロ　イサロハ

$18 \times 77 = 1386$ イハナー　イサハロ

$18 \times 78 = 1404$ イハナハ　イヨレヨ

$18 \times 82 = 1476$ イハハニ　イヨナロ

$18 \times 83 = 1494$ イハハサ　イヨクヨ

$18 \times 84 = 1512$ イハハヨ　イゴイニ

$18 \times 85 = 1530$ イハハゴ　イゴサレ

$18 \times 86 = 1548$ イハハロ　イゴヨハ

$18 \times 87 = 1566$ イハハナ　イゴロー

$18 \times 88 = 1584$ イハハー　イゴハヨ

$18 \times 92 = 1656$ イハクニ　イロゴロ

$18 \times 93 = 1674$ イハクサ　イロナヨ

$18 \times 94 = 1692$ イハクヨ　イロクニ

$18 \times 95 = 1710$ イハクゴ　イナイレ

$18 \times 96 = 1728$ イハクロ　イナニハ

$18 \times 97 = 1746$ イハクナ　イナヨロ

$18 \times 98 = 1764$ イハクハ　イナロヨ

19

19 × 12 =	228	イクイニ　ニニハ
19 × 13 =	247	イクイサ　ニヨナ
19 × 14 =	266	イクイヨ　ニロー
19 × 15 =	285	イクイゴ　ニハゴ
19 × 16 =	304	イクイロ　サレヨ
19 × 17 =	323	イクイナ　サニサ
19 × 18 =	342	イクイハ　サヨニ
19 × 22 =	418	イクニー　ヨイハ
19 × 23 =	437	イクニサ　ヨサナ
19 × 24 =	456	イクニヨ　ヨゴロ
19 × 25 =	475	イクニゴ　ヨナゴ
19 × 26 =	494	イクニロ　ヨクヨ
19 × 27 =	513	イクニナ　ゴイサ
19 × 28 =	532	イクニハ　ゴサニ
19 × 32 =	608	イクサニ　ロレハ
19 × 33 =	627	イクサー　ロニナ
19 × 34 =	646	イクサヨ　ロヨロ
19 × 35 =	665	イクサゴ　ロロゴ
19 × 36 =	684	イクサロ　ロハヨ
19 × 37 =	703	イクサナ　ナレサ
19 × 38 =	722	イクサハ　ナニー
19 × 42 =	798	イクヨニ　ナクハ
19 × 43 =	817	イクヨサ　ハイナ
19 × 44 =	836	イクヨー　ハサロ
19 × 45 =	855	イクヨゴ　ハゴー
19 × 46 =	874	イクヨロ　ハナヨ
19 × 47 =	893	イクヨナ　ハクサ
19 × 48 =	912	イクヨハ　クイニ
19 × 52 =	988	イクゴニ　クハー
19 × 53 =	1007	イクゴサ　イレレナ
19 × 54 =	1026	イクゴヨ　イレニロ
19 × 55 =	1045	イクゴー　イレヨゴ
19 × 56 =	1064	イクゴロ　イレロヨ
19 × 57 =	1083	イクゴナ　イレハサ
19 × 58 =	1102	イクゴハ　イーレニ
19 × 62 =	1178	イクロニ　イーナハ
19 × 63 =	1197	イクロサ　イークナ
19 × 64 =	1216	イクロヨ　イニイロ
19 × 65 =	1235	イクロゴ　イニサゴ
19 × 66 =	1254	イクロー　イニゴヨ
19 × 67 =	1273	イクロナ　イニナサ
19 × 68 =	1292	イクロハ　イニクニ
19 × 72 =	1368	イクナニ　イサロハ
19 × 73 =	1387	イクナサ　イサハナ
19 × 74 =	1406	イクナヨ　イヨレロ
19 × 75 =	1425	イクナゴ　イヨニゴ
19 × 76 =	1444	イクナロ　イヨヨー
19 × 77 =	1463	イクナー　イヨロサ
19 × 78 =	1482	イクナハ　イヨハニ
19 × 82 =	1558	イクハニ　イゴゴハ

19 × 83 = 1577	イクハサ　イゴナー	19 × 93 = 1767	イククサ　イナロナ
19 × 84 = 1596	イクハヨ　イゴクロ	19 × 94 = 1786	イククヨ　イナハロ
19 × 85 = 1615	イクハゴ　イロイゴ	19 × 95 = 1805	イククゴ　イハレゴ
19 × 86 = 1634	イクハロ　イロサヨ	19 × 96 = 1824	イククロ　イハニヨ
19 × 87 = 1653	イクハナ　イロゴサ	19 × 97 = 1843	イククナ　イハヨサ
19 × 88 = 1672	イクハー　イロナニ	19 × 98 = 1862	イククハ　イハロニ
19 × 92 = 1748	イククニ　イナヨハ		

21

21 × 12 = 252	ニイイニ　ニゴニ	21 × 46 = 966	ニイヨロ　クロー
21 × 13 = 273	ニイイサ　ニナサ	21 × 47 = 987	ニイヨナ　クハナ
21 × 14 = 294	ニイイヨ　ニクヨ	21 × 48 = 1008	ニイヨハ　イレレハ
21 × 15 = 315	ニイイゴ　サイゴ	21 × 52 = 1092	ニイゴニ　イレクニ
21 × 16 = 336	ニイイロ　ササロ	21 × 53 = 1113	ニイゴサ　イーイサ
21 × 17 = 357	ニイイナ　サゴナ	21 × 54 = 1134	ニイゴヨ　イーサヨ
21 × 18 = 378	ニイイハ　サナハ	21 × 55 = 1155	ニイゴー　イーゴー
21 × 22 = 462	ニイニー　ヨロニ	21 × 56 = 1176	ニイゴロ　イーナロ
21 × 23 = 483	ニイニサ　ヨハサ	21 × 57 = 1197	ニイゴナ　イークナ
21 × 24 = 504	ニイニヨ　ゴレヨ	21 × 58 = 1218	ニイゴハ　イニイハ
21 × 25 = 525	ニイニゴ　ゴニゴ	21 × 62 = 1302	ニイロニ　イサレニ
21 × 26 = 546	ニイニロ　ゴヨロ	21 × 63 = 1323	ニイロサ　イサニサ
21 × 27 = 567	ニイニナ　ゴロナ	21 × 64 = 1344	ニイロヨ　イサヨー
21 × 28 = 588	ニイニハ　ゴハー	21 × 65 = 1365	ニイロゴ　イサロゴ
21 × 32 = 672	ニイサニ　ロナニ	21 × 66 = 1386	ニイロー　イサハロ
21 × 33 = 693	ニイサー　ロクサ	21 × 67 = 1407	ニイロナ　イヨレナ
21 × 34 = 714	ニイサヨ　ナイヨ	21 × 68 = 1428	ニイロハ　イヨニハ
21 × 35 = 735	ニイサゴ　ナサゴ	21 × 72 = 1512	ニイナニ　イゴイニ
21 × 36 = 756	ニイサロ　ナゴロ	21 × 73 = 1533	ニイナサ　イゴサー
21 × 37 = 777	ニイサナ　ナナー	21 × 74 = 1554	ニイナヨ　イゴゴヨ
21 × 38 = 798	ニイサハ　ナクハ	21 × 75 = 1575	ニイナゴ　イゴナゴ
21 × 42 = 882	ニイヨニ　ハハニ	21 × 76 = 1596	ニイナロ　イゴクロ
21 × 43 = 903	ニイヨサ　クレサ	21 × 77 = 1617	ニイナー　イロイナ
21 × 44 = 924	ニイヨー　クニヨ	21 × 78 = 1638	ニイナハ　イロサハ
21 × 45 = 945	ニイヨゴ　クヨゴ	21 × 82 = 1722	ニイハニ　イナニー

21 × 83 = 1743	ニイハサ　イナヨサ	21 × 93 = 1953	ニイクサ　イクゴサ
21 × 84 = 1764	ニイハヨ　イナロヨ	21 × 94 = 1974	ニイクヨ　イクナヨ
21 × 85 = 1785	ニイハゴ　イナハゴ	21 × 95 = 1995	ニイクゴ　イククゴ
21 × 86 = 1806	ニイハロ　イハレロ	21 × 96 = 2016	ニイクロ　ニレイロ
21 × 87 = 1827	ニイハナ　イハニナ	21 × 97 = 2037	ニイクナ　ニレサナ
21 × 88 = 1848	ニイハー　イハヨハ	21 × 98 = 2058	ニイクハ　ニレゴハ
21 × 92 = 1932	ニイクニ　イクサニ		

●●トピック●●

円周率を覚えよう！

円周率 21 ～ 40 桁目

26433 83279 50288 41971

（続きは 36 ページへ）

22

22 × 12 = 264	ニーイニ　ニロヨ	22 × 46 = 1012	ニーヨロ　イレイニ
22 × 13 = 286	ニーイサ　ニハロ	22 × 47 = 1034	ニーヨナ　イレサヨ
22 × 14 = 308	ニーイヨ　サレハ	22 × 48 = 1056	ニーヨハ　イレゴロ
22 × 15 = 330	ニーイゴ　ササレ	22 × 52 = 1144	ニーゴニ　イーヨー
22 × 16 = 352	ニーイロ　サゴニ	22 × 53 = 1166	ニーゴサ　イーロー
22 × 17 = 374	ニーイナ　サナヨ	22 × 54 = 1188	ニーゴヨ　イーハー
22 × 18 = 396	ニーイハ　サクロ	22 × 55 = 1210	ニーゴー　イニイレ
22 × 22 = 484	ニーニー　ヨハヨ	22 × 56 = 1232	ニーゴロ　イニサニ
22 × 23 = 506	ニーニサ　ゴレロ	22 × 57 = 1254	ニーゴナ　イニゴヨ
22 × 24 = 528	ニーニヨ　ゴニハ	22 × 58 = 1276	ニーゴハ　イニナロ
22 × 25 = 550	ニーニゴ　ゴゴレ	22 × 62 = 1364	ニーロニ　イサロヨ
22 × 26 = 572	ニーニロ　ゴナニ	22 × 63 = 1386	ニーロサ　イサハロ
22 × 27 = 594	ニーニナ　ゴクヨ	22 × 64 = 1408	ニーロヨ　イヨレハ
22 × 28 = 616	ニーニハ　ロイロ	22 × 65 = 1430	ニーロゴ　イヨサレ
22 × 32 = 704	ニーサニ　ナレヨ	22 × 66 = 1452	ニーロー　イヨゴニ
22 × 33 = 726	ニーサー　ナニロ	22 × 67 = 1474	ニーロナ　イヨナヨ
22 × 34 = 748	ニーサヨ　ナヨハ	22 × 68 = 1496	ニーロハ　イヨクロ
22 × 35 = 770	ニーサゴ　ナナレ	22 × 72 = 1584	ニーナニ　イゴハヨ
22 × 36 = 792	ニーサロ　ナクニ	22 × 73 = 1606	ニーナサ　イロレロ
22 × 37 = 814	ニーサナ　ハイヨ	22 × 74 = 1628	ニーナヨ　イロニハ
22 × 38 = 836	ニーサハ　ハサロ	22 × 75 = 1650	ニーナゴ　イロゴレ
22 × 42 = 924	ニーヨニ　クニヨ	22 × 76 = 1672	ニーナロ　イロナニ
22 × 43 = 946	ニーヨサ　クヨロ	22 × 77 = 1694	ニーナー　イロクヨ
22 × 44 = 968	ニーヨー　クロハ	22 × 78 = 1716	ニーナハ　イナイロ
22 × 45 = 990	ニーヨゴ　ククレ	22 × 82 = 1804	ニーハニ　イハレヨ

22

22 × 83 = 1826　ニーハサ　イハニロ

22 × 84 = 1848　ニーハヨ　イハヨハ

22 × 85 = 1870　ニーハゴ　イハナレ

22 × 86 = 1892　ニーハロ　イハクニ

22 × 87 = 1914　ニーハナ　イクイヨ

22 × 88 = 1936　ニーハー　イクサロ

22 × 92 = 2024　ニークニ　ニレニヨ

22 × 93 = 2046　ニークサ　ニレヨロ

22 × 94 = 2068　ニークヨ　ニレロハ

22 × 95 = 2090　ニークゴ　ニレクレ

22 × 96 = 2112　ニークロ　ニイイニ

22 × 97 = 2134　ニークナ　ニイサヨ

22 × 98 = 2156　ニークハ　ニイゴロ

23

23 × 12 = 276　ニサイニ　ニナロ

23 × 13 = 299　ニサイサ　ニクー

23 × 14 = 322　ニサイヨ　サニー

23 × 15 = 345　ニサイゴ　サヨゴ

23 × 16 = 368　ニサイロ　サロハ

23 × 17 = 391　ニサイナ　サクイ

23 × 18 = 414　ニサイハ　ヨイヨ

23 × 22 = 506　ニサニー　ゴレロ

23 × 23 = 529　ニサニサ　ゴニク

23 × 24 = 552　ニサニヨ　ゴゴニ

23 × 25 = 575　ニサニゴ　ゴナゴ

23 × 26 = 598　ニサニロ　ゴクハ

23 × 27 = 621　ニサニナ　ロニイ

23 × 28 = 644　ニサニハ　ロヨー

23 × 32 = 736　ニササニ　ナサロ

23 × 33 = 759　ニササー　ナゴク

23 × 34 = 782　ニササヨ　ナハニ

23 × 35 = 805　ニササゴ　ハレゴ

23 × 36 = 828　ニササロ　ハニハ

23 × 37 = 851　ニササナ　ハゴイ

23 × 38 = 874　ニササハ　ハナヨ

23 × 42 = 966　ニサヨニ　クロー

23 × 43 = 989　ニサヨサ　クハク

23 × 44 = 1012　ニサヨー　イレイニ

23 × 45 = 1035　ニサヨゴ　イレサゴ

23 × 46 = 1058　ニサヨロ　イレゴハ

23

23 × 47 =	1081	ニサヨナ　イレハイ	23 × 75 =	1725	ニサナゴ　イナニゴ
23 × 48 =	1104	ニサヨハ　イーレヨ	23 × 76 =	1748	ニサナロ　イナヨハ
23 × 52 =	1196	ニサゴニ　イークロ	23 × 77 =	1771	ニサナー　イナナイ
23 × 53 =	1219	ニサゴサ　イニイク	23 × 78 =	1794	ニサナハ　イナクヨ
23 × 54 =	1242	ニサゴヨ　イニヨニ	23 × 82 =	1886	ニサハニ　イハハロ
23 × 55 =	1265	ニサゴー　イニロゴ	23 × 83 =	1909	ニサハサ　イクレク
23 × 56 =	1288	ニサゴロ　イニハー	23 × 84 =	1932	ニサハヨ　イクサニ
23 × 57 =	1311	ニサゴナ　イサイー	23 × 85 =	1955	ニサハゴ　イクゴー
23 × 58 =	1334	ニサゴハ　イササヨ	23 × 86 =	1978	ニサハロ　イクナハ
23 × 62 =	1426	ニサロニ　イヨニロ	23 × 87 =	2001	ニサハナ　ニレレイ
23 × 63 =	1449	ニサロサ　イヨヨク	23 × 88 =	2024	ニサハー　ニレニヨ
23 × 64 =	1472	ニサロヨ　イヨナニ	23 × 92 =	2116	ニサクニ　ニイイロ
23 × 65 =	1495	ニサロゴ　イヨクゴ	23 × 93 =	2139	ニサクサ　ニイサク
23 × 66 =	1518	ニサロー　イゴイハ	23 × 94 =	2162	ニサクヨ　ニイロニ
23 × 67 =	1541	ニサロナ　イゴヨイ	23 × 95 =	2185	ニサクゴ　ニイハゴ
23 × 68 =	1564	ニサロハ　イゴロヨ	23 × 96 =	2208	ニサクロ　ニーレハ
23 × 72 =	1656	ニサナニ　イロゴロ	23 × 97 =	2231	ニサクナ　ニーサイ
23 × 73 =	1679	ニサナサ　イロナク	23 × 98 =	2254	ニサクハ　ニーゴヨ
23 × 74 =	1702	ニサナヨ　イナレニ			

24 × 12 = 288	ニヨイニ　ニハー
24 × 13 = 312	ニヨイサ　サイニ
24 × 14 = 336	ニヨイヨ　ササロ
24 × 15 = 360	ニヨイゴ　サロレ
24 × 16 = 384	ニヨイロ　サハヨ
24 × 17 = 408	ニヨイナ　ヨレハ
24 × 18 = 432	ニヨイハ　ヨサニ
24 × 22 = 528	ニヨニー　ゴニハ
24 × 23 = 552	ニヨニサ　ゴゴニ
24 × 24 = 576	ニヨニヨ　ゴナロ
24 × 25 = 600	ニヨニゴ　ロレー
24 × 26 = 624	ニヨニロ　ロニヨ
24 × 27 = 648	ニヨニナ　ロヨハ
24 × 28 = 672	ニヨニハ　ロナニ
24 × 32 = 768	ニヨサニ　ナロハ
24 × 33 = 792	ニヨサー　ナクニ
24 × 34 = 816	ニヨサヨ　ハイロ
24 × 35 = 840	ニヨサゴ　ハヨレ
24 × 36 = 864	ニヨサロ　ハロヨ
24 × 37 = 888	ニヨサナ　ハハー
24 × 38 = 912	ニヨサハ　クイニ
24 × 42 = 1008	ニヨヨニ　イレレハ
24 × 43 = 1032	ニヨヨサ　イレサニ
24 × 44 = 1056	ニヨヨー　イレゴロ
24 × 45 = 1080	ニヨヨゴ　イレハレ
24 × 46 = 1104	ニヨヨロ　イーレヨ
24 × 47 = 1128	ニヨヨナ　イーニハ
24 × 48 = 1152	ニヨヨハ　イーゴニ
24 × 52 = 1248	ニヨゴニ　イニヨハ
24 × 53 = 1272	ニヨゴサ　イニナニ
24 × 54 = 1296	ニヨゴヨ　イニクロ
24 × 55 = 1320	ニヨゴー　イサニレ
24 × 56 = 1344	ニヨゴロ　イサヨー
24 × 57 = 1368	ニヨゴナ　イサロハ
24 × 58 = 1392	ニヨゴハ　イサクニ
24 × 62 = 1488	ニヨロニ　イヨハー
24 × 63 = 1512	ニヨロサ　イゴイニ
24 × 64 = 1536	ニヨロヨ　イゴサロ
24 × 65 = 1560	ニヨロゴ　イゴロレ
24 × 66 = 1584	ニヨロー　イゴハヨ
24 × 67 = 1608	ニヨロナ　イロレハ
24 × 68 = 1632	ニヨロハ　イロサニ
24 × 72 = 1728	ニヨナニ　イナニハ
24 × 73 = 1752	ニヨナサ　イナゴニ
24 × 74 = 1776	ニヨナヨ　イナナロ
24 × 75 = 1800	ニヨナゴ　イハレー
24 × 76 = 1824	ニヨナロ　イハニヨ
24 × 77 = 1848	ニヨナー　イハヨハ
24 × 78 = 1872	ニヨナハ　イハナニ
24 × 82 = 1968	ニヨハニ　イクロハ

24

24 × 83 = 1992 ニヨハサ　イククニ

24 × 84 = 2016 ニヨハヨ　ニレイロ

24 × 85 = 2040 ニヨハゴ　ニレヨレ

24 × 86 = 2064 ニヨハロ　ニレロヨ

24 × 87 = 2088 ニヨハナ　ニレハー

24 × 88 = 2112 ニヨハー　ニイイニ

24 × 92 = 2208 ニヨクニ　ニーレハ

24 × 93 = 2232 ニヨクサ　ニーサニ

24 × 94 = 2256 ニヨクヨ　ニーゴロ

24 × 95 = 2280 ニヨクゴ　ニーハレ

24 × 96 = 2304 ニヨクロ　ニサレヨ

24 × 97 = 2328 ニヨクナ　ニサニハ

24 × 98 = 2352 ニヨクハ　ニサゴニ

25 × 12 = 300	ニゴイニ　サレー		25 × 46 = 1150	ニゴヨロ　イーゴレ
25 × 13 = 325	ニゴイサ　サニゴ		25 × 47 = 1175	ニゴヨナ　イーナゴ
25 × 14 = 350	ニゴイヨ　サゴレ		25 × 48 = 1200	ニゴヨハ　イニレー
25 × 15 = 375	ニゴイゴ　サナゴ		25 × 52 = 1300	ニゴゴニ　イサレー
25 × 16 = 400	ニゴイロ　ヨレー		25 × 53 = 1325	ニゴゴサ　イサニゴ
25 × 17 = 425	ニゴイナ　ヨニゴ		25 × 54 = 1350	ニゴゴヨ　イサゴレ
25 × 18 = 450	ニゴイハ　ヨゴレ		25 × 55 = 1375	ニゴゴー　イサナゴ
25 × 22 = 550	ニゴニー　ゴゴレ		25 × 56 = 1400	ニゴゴロ　イヨレー
25 × 23 = 575	ニゴニサ　ゴナゴ		25 × 57 = 1425	ニゴゴナ　イヨニゴ
25 × 24 = 600	ニゴニヨ　ロレー		25 × 58 = 1450	ニゴゴハ　イヨゴレ
25 × 25 = 625	ニゴニゴ　ロニゴ		25 × 62 = 1550	ニゴロニ　イゴゴレ
25 × 26 = 650	ニゴニロ　ロゴレ		25 × 63 = 1575	ニゴロサ　イゴナゴ
25 × 27 = 675	ニゴニナ　ロナゴ		25 × 64 = 1600	ニゴロヨ　イロレー
25 × 28 = 700	ニゴニハ　ナレー		25 × 65 = 1625	ニゴロゴ　イロニゴ
25 × 32 = 800	ニゴサニ　ハレー		25 × 66 = 1650	ニゴロー　イロゴレ
25 × 33 = 825	ニゴサー　ハニゴ		25 × 67 = 1675	ニゴロナ　イロナゴ
25 × 34 = 850	ニゴサヨ　ハゴレ		25 × 68 = 1700	ニゴロハ　イナレー
25 × 35 = 875	ニゴサゴ　ハナゴ		25 × 72 = 1800	ニゴナニ　イハレー
25 × 36 = 900	ニゴサロ　クレー		25 × 73 = 1825	ニゴナサ　イハニゴ
25 × 37 = 925	ニゴサナ　クニゴ		25 × 74 = 1850	ニゴナヨ　イハゴレ
25 × 38 = 950	ニゴサハ　クゴレ		25 × 75 = 1875	ニゴナゴ　イハナゴ
25 × 42 = 1050	ニゴヨニ　イレゴレ		25 × 76 = 1900	ニゴナロ　イクレー
25 × 43 = 1075	ニゴヨサ　イレナゴ		25 × 77 = 1925	ニゴナー　イクニゴ
25 × 44 = 1100	ニゴヨー　イーレー		25 × 78 = 1950	ニゴナハ　イクゴレ
25 × 45 = 1125	ニゴヨゴ　イーニゴ		25 × 82 = 2050	ニゴハニ　ニレゴレ

25

式	答え	読み方	式	答え	読み方
25 × 83 =	2075	ニゴハサ　ニレナゴ	25 × 93 =	2325	ニゴクサ　ニサニゴ
25 × 84 =	2100	ニゴハヨ　ニイレー	25 × 94 =	2350	ニゴクヨ　ニサゴレ
25 × 85 =	2125	ニゴハゴ　ニイニゴ	25 × 95 =	2375	ニゴクゴ　ニサナゴ
25 × 86 =	2150	ニゴハロ　ニイゴレ	25 × 96 =	2400	ニゴクロ　ニヨレー
25 × 87 =	2175	ニゴハナ　ニイナゴ	25 × 97 =	2425	ニゴクナ　ニヨニゴ
25 × 88 =	2200	ニゴハー　ニーレー	25 × 98 =	2450	ニゴクハ　ニヨゴレ
25 × 92 =	2300	ニゴクニ　ニサレー			

トピック

円周率を覚えよう！

円周率 41 ～ 60 桁目

69399 37510 58209 74944

（続きは 43 ページへ）

26 × 12 = 312	ニロイニ　サイニ		26 × 46 = 1196	ニロヨロ　イークロ
26 × 13 = 338	ニロイサ　ササハ		26 × 47 = 1222	ニロヨナ　イニニー
26 × 14 = 364	ニロイヨ　サロヨ		26 × 48 = 1248	ニロヨハ　イニヨハ
26 × 15 = 390	ニロイゴ　サクレ		26 × 52 = 1352	ニロゴニ　イサゴニ
26 × 16 = 416	ニロイロ　ヨイロ		26 × 53 = 1378	ニロゴサ　イサナハ
26 × 17 = 442	ニロイナ　ヨヨニ		26 × 54 = 1404	ニロゴヨ　イヨレヨ
26 × 18 = 468	ニロイハ　ヨロハ		26 × 55 = 1430	ニロゴー　イヨサレ
26 × 22 = 572	ニロニー　ゴナニ		26 × 56 = 1456	ニロゴロ　イヨゴロ
26 × 23 = 598	ニロニサ　ゴクハ		26 × 57 = 1482	ニロゴナ　イヨハニ
26 × 24 = 624	ニロニヨ　ロニヨ		26 × 58 = 1508	ニロゴハ　イゴレハ
26 × 25 = 650	ニロニゴ　ロゴレ		26 × 62 = 1612	ニロロニ　イロイニ
26 × 26 = 676	ニロニロ　ロナロ		26 × 63 = 1638	ニロロサ　イロサハ
26 × 27 = 702	ニロニナ　ナレニ		26 × 64 = 1664	ニロロヨ　イロロヨ
26 × 28 = 728	ニロニハ　ナニハ		26 × 65 = 1690	ニロロゴ　イロクレ
26 × 32 = 832	ニロサニ　ハサニ		26 × 66 = 1716	ニロロー　イナイロ
26 × 33 = 858	ニロサー　ハゴハ		26 × 67 = 1742	ニロロナ　イナヨニ
26 × 34 = 884	ニロサヨ　ハハヨ		26 × 68 = 1768	ニロロハ　イナロハ
26 × 35 = 910	ニロサゴ　クイレ		26 × 72 = 1872	ニロナニ　イハナニ
26 × 36 = 936	ニロサロ　クサロ		26 × 73 = 1898	ニロナサ　イハクハ
26 × 37 = 962	ニロサナ　クロニ		26 × 74 = 1924	ニロナヨ　イクニヨ
26 × 38 = 988	ニロサハ　クハー		26 × 75 = 1950	ニロナゴ　イクゴレ
26 × 42 = 1092	ニロヨニ　イレクニ		26 × 76 = 1976	ニロナロ　イクナロ
26 × 43 = 1118	ニロヨサ　イーイハ		26 × 77 = 2002	ニロナー　ニレレニ
26 × 44 = 1144	ニロヨー　イーヨー		26 × 78 = 2028	ニロナハ　ニレニハ
26 × 45 = 1170	ニロヨゴ　イーナレ		26 × 82 = 2132	ニロハニ　ニイサニ

26

26 × 83 = 2158 ニロハサ　ニイゴハ

26 × 84 = 2184 ニロハヨ　ニイハヨ

26 × 85 = 2210 ニロハゴ　ニーイレ

26 × 86 = 2236 ニロハロ　ニーサロ

26 × 87 = 2262 ニロハナ　ニーロニ

26 × 88 = 2288 ニロハー　ニーハー

26 × 92 = 2392 ニロクニ　ニサクニ

26 × 93 = 2418 ニロクサ　ニヨイハ

26 × 94 = 2444 ニロクヨ　ニヨヨー

26 × 95 = 2470 ニロクゴ　ニヨナレ

26 × 96 = 2496 ニロクロ　ニヨクロ

26 × 97 = 2522 ニロクナ　ニゴニー

26 × 98 = 2548 ニロクハ　ニゴヨハ

27

27 × 12 = 324 ニナイニ　サニヨ

27 × 13 = 351 ニナイサ　サゴイ

27 × 14 = 378 ニナイヨ　サナハ

27 × 15 = 405 ニナイゴ　ヨレゴ

27 × 16 = 432 ニナイロ　ヨサニ

27 × 17 = 459 ニナイナ　ヨゴク

27 × 18 = 486 ニナイハ　ヨハロ

27 × 22 = 594 ニナニー　ゴクヨ

27 × 23 = 621 ニナニサ　ロニイ

27 × 24 = 648 ニナニヨ　ロヨハ

27 × 25 = 675 ニナニゴ　ロナゴ

27 × 26 = 702 ニナニロ　ナレニ

27 × 27 = 729 ニナニナ　ナニク

27 × 28 = 756 ニナニハ　ナゴロ

27 × 32 = 864 ニナサニ　ハロヨ

27 × 33 = 891 ニナサー　ハクイ

27 × 34 = 918 ニナサヨ　クイハ

27 × 35 = 945 ニナサゴ　クヨゴ

27 × 36 = 972 ニナサロ　クナニ

27 × 37 = 999 ニナサナ　クー

27 × 38 = 1026 ニナサハ　イレニロ

27 × 42 = 1134 ニナヨニ　イーサヨ

27 × 43 = 1161 ニナヨサ　イーロイ

27 × 44 = 1188 ニナヨー　イーハー

27 × 45 = 1215 ニナヨゴ　イニイゴ

27 × 46 = 1242 ニナヨロ　イニヨニ

27 × 47 = 1269 ニナヨナ　イニロク

27 × 48 = 1296 ニナヨハ　イニクロ

27 × 52 = 1404 ニナゴニ　イヨレヨ

27 × 53 = 1431 ニナゴサ　イヨサイ

27 × 54 = 1458 ニナゴヨ　イヨゴハ

27 × 55 = 1485 ニナゴー　イヨハゴ

27 × 56 = 1512 ニナゴロ　イゴイニ

27 × 57 = 1539 ニナゴナ　イゴサク

27 × 58 = 1566 ニナゴハ　イゴロー

27 × 62 = 1674 ニナロニ　イロナヨ

27 × 63 = 1701 ニナロサ　イナレイ

27 × 64 = 1728 ニナロヨ　イナニハ

27 × 65 = 1755 ニナロゴ　イナゴー

27 × 66 = 1782 ニナロー　イナハニ

27 × 67 = 1809 ニナロナ　イハレク

27 × 68 = 1836 ニナロハ　イハサロ

27 × 72 = 1944 ニナナニ　イクヨー

27 × 73 = 1971 ニナナサ　イクナイ

27 × 74 = 1998 ニナナヨ　イククハ

27 × 75 = 2025 ニナナゴ　ニレニゴ

27 × 76 = 2052 ニナナロ　ニレゴニ

27 × 77 = 2079 ニナナー　ニレナク

27 × 78 = 2106 ニナナハ　ニイレロ

27 × 82 = 2214 ニナハニ　ニーイヨ

27 × 83 = 2241 ニナハサ　ニーヨイ

27 × 84 = 2268 ニナハヨ　ニーロハ

27 × 85 = 2295 ニナハゴ　ニークゴ

27 × 86 = 2322 ニナハロ　ニサニー

27 × 87 = 2349 ニナハナ　ニサヨク

27 × 88 = 2376 ニナハー　ニサナロ

27 × 92 = 2484 ニナクニ　ニヨハヨ

27 × 93 = 2511 ニナクサ　ニゴイー

27 × 94 = 2538 ニナクヨ　ニゴサハ

27 × 95 = 2565 ニナクゴ　ニゴロゴ

27 × 96 = 2592 ニナクロ　ニゴクニ

27 × 97 = 2619 ニナクナ　ニロイク

27 × 98 = 2646 ニナクハ　ニロヨロ

28

28 × 12 = 336	ニハイニ　ササロ	28 × 46 = 1288	ニハヨロ　イニハー
28 × 13 = 364	ニハイサ　サロヨ	28 × 47 = 1316	ニハヨナ　イサイロ
28 × 14 = 392	ニハイヨ　サクニ	28 × 48 = 1344	ニハヨハ　イサヨー
28 × 15 = 420	ニハイゴ　ヨニレ	28 × 52 = 1456	ニハゴニ　イヨゴロ
28 × 16 = 448	ニハイロ　ヨヨハ	28 × 53 = 1484	ニハゴサ　イヨハヨ
28 × 17 = 476	ニハイナ　ヨナロ	28 × 54 = 1512	ニハゴヨ　イゴイニ
28 × 18 = 504	ニハイハ　ゴレヨ	28 × 55 = 1540	ニハゴー　イゴヨレ
28 × 22 = 616	ニハニー　ロイロ	28 × 56 = 1568	ニハゴロ　イゴロハ
28 × 23 = 644	ニハニサ　ロヨー	28 × 57 = 1596	ニハゴナ　イゴクロ
28 × 24 = 672	ニハニヨ　ロナニ	28 × 58 = 1624	ニハゴハ　イロニヨ
28 × 25 = 700	ニハニゴ　ナレー	28 × 62 = 1736	ニハロニ　イナサロ
28 × 26 = 728	ニハニロ　ナニハ	28 × 63 = 1764	ニハロサ　イナロヨ
28 × 27 = 756	ニハニナ　ナゴロ	28 × 64 = 1792	ニハロヨ　イナクニ
28 × 28 = 784	ニハニハ　ナハヨ	28 × 65 = 1820	ニハロゴ　イハニレ
28 × 32 = 896	ニハサニ　ハクロ	28 × 66 = 1848	ニハロー　イハヨハ
28 × 33 = 924	ニハサー　クニヨ	28 × 67 = 1876	ニハロナ　イハナロ
28 × 34 = 952	ニハサヨ　クゴニ	28 × 68 = 1904	ニハロハ　イクレヨ
28 × 35 = 980	ニハサゴ　クハレ	28 × 72 = 2016	ニハナニ　ニレイロ
28 × 36 = 1008	ニハサロ　イレレハ	28 × 73 = 2044	ニハナサ　ニレヨー
28 × 37 = 1036	ニハサナ　イレサロ	28 × 74 = 2072	ニハナヨ　ニレナニ
28 × 38 = 1064	ニハサハ　イレロヨ	28 × 75 = 2100	ニハナゴ　ニイレー
28 × 42 = 1176	ニハヨニ　イーナロ	28 × 76 = 2128	ニハナロ　ニイニハ
28 × 43 = 1204	ニハヨサ　イニレヨ	28 × 77 = 2156	ニハナー　ニイゴロ
28 × 44 = 1232	ニハヨー　イニサニ	28 × 78 = 2184	ニハナハ　ニイハヨ
28 × 45 = 1260	ニハヨゴ　イニロレ	28 × 82 = 2296	ニハハニ　ニークロ

28 × 83 = 2324　ニハハサ　ニサニヨ

28 × 84 = 2352　ニハハヨ　ニサゴニ

28 × 85 = 2380　ニハハゴ　ニサハレ

28 × 86 = 2408　ニハハロ　ニヨレハ

28 × 87 = 2436　ニハハナ　ニヨサロ

28 × 88 = 2464　ニハハー　ニヨロヨ

28 × 92 = 2576　ニハクニ　ニゴナロ

28 × 93 = 2604　ニハクサ　ニロレヨ

28 × 94 = 2632　ニハクヨ　ニロサニ

28 × 95 = 2660　ニハクゴ　ニロロレ

28 × 96 = 2688　ニハクロ　ニロハー

28 × 97 = 2716　ニハクナ　ニナイロ

28 × 98 = 2744　ニハクハ　ニナヨー

29

29 × 12 = 348	ニクイニ　サヨハ
29 × 13 = 377	ニクイサ　サナー
29 × 14 = 406	ニクイヨ　ヨレロ
29 × 15 = 435	ニクイゴ　ヨサゴ
29 × 16 = 464	ニクイロ　ヨロヨ
29 × 17 = 493	ニクイナ　ヨクサ
29 × 18 = 522	ニクイハ　ゴニー
29 × 22 = 638	ニクニー　ロサハ
29 × 23 = 667	ニクニサ　ロロナ
29 × 24 = 696	ニクニヨ　ロクロ
29 × 25 = 725	ニクニゴ　ナニゴ
29 × 26 = 754	ニクニロ　ナゴヨ
29 × 27 = 783	ニクニナ　ナハサ
29 × 28 = 812	ニクニハ　ハイニ
29 × 32 = 928	ニクサニ　クニハ
29 × 33 = 957	ニクサー　クゴナ
29 × 34 = 986	ニクサヨ　クハロ
29 × 35 = 1015	ニクサゴ　イレイゴ
29 × 36 = 1044	ニクサロ　イレヨー
29 × 37 = 1073	ニクサナ　イレナサ
29 × 38 = 1102	ニクサハ　イーレニ
29 × 42 = 1218	ニクヨニ　イニイハ
29 × 43 = 1247	ニクヨサ　イニヨナ
29 × 44 = 1276	ニクヨー　イニナロ
29 × 45 = 1305	ニクヨゴ　イサレゴ
29 × 46 = 1334	ニクヨロ　イササヨ
29 × 47 = 1363	ニクヨナ　イサロサ
29 × 48 = 1392	ニクヨハ　イサクニ
29 × 52 = 1508	ニクゴニ　イゴレハ
29 × 53 = 1537	ニクゴサ　イゴサナ
29 × 54 = 1566	ニクゴヨ　イゴロー
29 × 55 = 1595	ニクゴー　イゴクゴ
29 × 56 = 1624	ニクゴロ　イロニヨ
29 × 57 = 1653	ニクゴナ　イロゴサ
29 × 58 = 1682	ニクゴハ　イロハニ
29 × 62 = 1798	ニクロニ　イナクハ
29 × 63 = 1827	ニクロサ　イハニナ
29 × 64 = 1856	ニクロヨ　イハゴロ
29 × 65 = 1885	ニクロゴ　イハハゴ
29 × 66 = 1914	ニクロー　イクイヨ
29 × 67 = 1943	ニクロナ　イクヨサ
29 × 68 = 1972	ニクロハ　イクナニ
29 × 72 = 2088	ニクナニ　ニレハー
29 × 73 = 2117	ニクナサ　ニイイナ
29 × 74 = 2146	ニクナヨ　ニイヨロ
29 × 75 = 2175	ニクナゴ　ニイナゴ
29 × 76 = 2204	ニクナロ　ニーレヨ
29 × 77 = 2233	ニクナー　ニーサー
29 × 78 = 2262	ニクナハ　ニーロニ
29 × 82 = 2378	ニクハニ　ニサナハ

29 × 83 = 2407	ニクハサ　ニヨレナ	29 × 93 = 2697	ニククサ　ニロクナ
29 × 84 = 2436	ニクハヨ　ニヨサロ	29 × 94 = 2726	ニククヨ　ニナニロ
29 × 85 = 2465	ニクハゴ　ニヨロゴ	29 × 95 = 2755	ニククゴ　ニナゴー
29 × 86 = 2494	ニクハロ　ニヨクヨ	29 × 96 = 2784	ニククロ　ニナハヨ
29 × 87 = 2523	ニクハナ　ニゴニサ	29 × 97 = 2813	ニククナ　ニハイサ
29 × 88 = 2552	ニクハー　ニゴゴニ	29 × 98 = 2842	ニククハ　ニハヨニ
29 × 92 = 2668	ニククニ　ニロロハ		

トピック

円周率を覚えよう！

円周率 61 ～ 80 桁目

59230 78164 06286 20899

（続きは 49 ページへ）

30

30 × 36 = 1080 サレサロ　イレハレ	30 × 68 = 2040 サレロハ　ニレヨレ
30 × 37 = 1110 サレサナ　イーイレ	30 × 76 = 2280 サレナロ　ニーハレ
30 × 38 = 1140 サレサハ　イーヨレ	30 × 77 = 2310 サレナー　ニサイレ
30 × 46 = 1380 サレヨロ　イサハレ	30 × 78 = 2340 サレナハ　ニサヨレ
30 × 47 = 1410 サレヨナ　イヨイレ	30 × 86 = 2580 サレハロ　ニゴハレ
30 × 48 = 1440 サレヨハ　イヨヨレ	30 × 87 = 2610 サレハナ　ニロイレ
30 × 56 = 1680 サレゴロ　イロハレ	30 × 88 = 2640 サレハー　ニロヨレ
30 × 57 = 1710 サレゴナ　イナイレ	30 × 96 = 2880 サレクロ　ニハハレ
30 × 58 = 1740 サレゴハ　イナヨレ	30 × 97 = 2910 サレクナ　ニクイレ
30 × 66 = 1980 サレロー　イクハレ	30 × 98 = 2940 サレクハ　ニクヨレ
30 × 67 = 2010 サレロナ　ニレイレ	

31

31 × 12 = 372 サイイニ　サナニ	31 × 24 = 744 サイニヨ　ナヨー
31 × 13 = 403 サイイサ　ヨレサ	31 × 25 = 775 サイニゴ　ナナゴ
31 × 14 = 434 サイイヨ　ヨサヨ	31 × 26 = 806 サイニロ　ハレロ
31 × 15 = 465 サイイゴ　ヨロゴ	31 × 27 = 837 サイニナ　ハサナ
31 × 16 = 496 サイイロ　ヨクロ	31 × 28 = 868 サイニハ　ハロハ
31 × 17 = 527 サイイナ　ゴニナ	31 × 32 = 992 サイサニ　ククニ
31 × 18 = 558 サイイハ　ゴゴハ	31 × 33 = 1023 サイサー　イレニサ
31 × 22 = 682 サイニー　ロハニ	31 × 34 = 1054 サイサヨ　イレゴヨ
31 × 23 = 713 サイニサ　ナイサ	31 × 35 = 1085 サイサゴ　イレハゴ

31 × 36 = 1116	サイサロ　イーイロ	31 × 68 = 2108	サイロハ　ニイレハ
31 × 37 = 1147	サイサナ　イーヨナ	31 × 72 = 2232	サイナニ　ニーサニ
31 × 38 = 1178	サイサハ　イーナハ	31 × 73 = 2263	サイナサ　ニーロサ
31 × 42 = 1302	サイヨニ　イサレニ	31 × 74 = 2294	サイナヨ　ニークヨ
31 × 43 = 1333	サイヨサ　イササー	31 × 75 = 2325	サイナゴ　ニサニゴ
31 × 44 = 1364	サイヨー　イサロヨ	31 × 76 = 2356	サイナロ　ニサゴロ
31 × 45 = 1395	サイヨゴ　イサクゴ	31 × 77 = 2387	サイナー　ニサハナ
31 × 46 = 1426	サイヨロ　イヨニロ	31 × 78 = 2418	サイナハ　ニヨイハ
31 × 47 = 1457	サイヨナ　イヨゴナ	31 × 82 = 2542	サイハニ　ニゴヨニ
31 × 48 = 1488	サイヨハ　イヨハー	31 × 83 = 2573	サイハサ　ニゴナサ
31 × 52 = 1612	サイゴニ　イロイニ	31 × 84 = 2604	サイハヨ　ニロレヨ
31 × 53 = 1643	サイゴサ　イロヨサ	31 × 85 = 2635	サイハゴ　ニロサゴ
31 × 54 = 1674	サイゴヨ　イロナヨ	31 × 86 = 2666	サイハロ　ニロロー
31 × 55 = 1705	サイゴー　イナレゴ	31 × 87 = 2697	サイハナ　ニロクナ
31 × 56 = 1736	サイゴロ　イナサロ	31 × 88 = 2728	サイハー　ニナニハ
31 × 57 = 1767	サイゴナ　イナロナ	31 × 92 = 2852	サイクニ　ニハゴニ
31 × 58 = 1798	サイゴハ　イナクハ	31 × 93 = 2883	サイクサ　ニハハサ
31 × 62 = 1922	サイロニ　イクニー	31 × 94 = 2914	サイクヨ　ニクイヨ
31 × 63 = 1953	サイロサ　イクゴサ	31 × 95 = 2945	サイクゴ　ニクヨゴ
31 × 64 = 1984	サイロヨ　イクハヨ	31 × 96 = 2976	サイクロ　ニクナロ
31 × 65 = 2015	サイロゴ　ニレイゴ	31 × 97 = 3007	サイクナ　サレレナ
31 × 66 = 2046	サイロー　ニレヨロ	31 × 98 = 3038	サイクハ　サレサハ
31 × 67 = 2077	サイロナ　ニレナー		

32

32 × 12 = 384　サニイニ　サハヨ
32 × 13 = 416　サニイサ　ヨイロ
32 × 14 = 448　サニイヨ　ヨヨハ
32 × 15 = 480　サニイゴ　ヨハレ
32 × 16 = 512　サニイロ　ゴイニ
32 × 17 = 544　サニイナ　ゴヨー
32 × 18 = 576　サニイハ　ゴナロ
32 × 22 = 704　サニニー　ナレヨ
32 × 23 = 736　サニニサ　ナサロ
32 × 24 = 768　サニニヨ　ナロハ
32 × 25 = 800　サニニゴ　ハレー
32 × 26 = 832　サニニロ　ハサニ
32 × 27 = 864　サニニナ　ハロヨ
32 × 28 = 896　サニニハ　ハクロ
32 × 32 = 1024　サニサニ　イレニヨ
32 × 33 = 1056　サニサー　イレゴロ
32 × 34 = 1088　サニサヨ　イレハー
32 × 35 = 1120　サニサゴ　イーニレ
32 × 36 = 1152　サニサロ　イーゴニ
32 × 37 = 1184　サニサナ　イーハヨ
32 × 38 = 1216　サニサハ　イニイロ
32 × 42 = 1344　サニヨニ　イサヨー
32 × 43 = 1376　サニヨサ　イサナロ
32 × 44 = 1408　サニヨー　イヨレハ
32 × 45 = 1440　サニヨゴ　イヨヨレ

32 × 46 = 1472　サニヨロ　イヨナニ
32 × 47 = 1504　サニヨナ　イゴレヨ
32 × 48 = 1536　サニヨハ　イゴサロ
32 × 52 = 1664　サニゴニ　イロロヨ
32 × 53 = 1696　サニゴサ　イロクロ
32 × 54 = 1728　サニゴヨ　イナニハ
32 × 55 = 1760　サニゴー　イナロレ
32 × 56 = 1792　サニゴロ　イナクニ
32 × 57 = 1824　サニゴナ　イハニヨ
32 × 58 = 1856　サニゴハ　イハゴロ
32 × 62 = 1984　サニロニ　イクハヨ
32 × 63 = 2016　サニロサ　ニレイロ
32 × 64 = 2048　サニロヨ　ニレヨハ
32 × 65 = 2080　サニロゴ　ニレハレ
32 × 66 = 2112　サニロー　ニイイニ
32 × 67 = 2144　サニロナ　ニイヨー
32 × 68 = 2176　サニロハ　ニイナロ
32 × 72 = 2304　サニナニ　ニサレヨ
32 × 73 = 2336　サニナサ　ニササロ
32 × 74 = 2368　サニナヨ　ニサロハ
32 × 75 = 2400　サニナゴ　ニヨレー
32 × 76 = 2432　サニナロ　ニヨサニ
32 × 77 = 2464　サニナー　ニヨロヨ
32 × 78 = 2496　サニナハ　ニヨクロ
32 × 82 = 2624　サニハニ　ニロニヨ

32 × 83 = 2656 サニハサ　ニロゴロ	32 × 93 = 2976 サニクサ　ニクナロ
32 × 84 = 2688 サニハヨ　ニロハー	32 × 94 = 3008 サニクヨ　サレレハ
32 × 85 = 2720 サニハゴ　ニナニレ	32 × 95 = 3040 サニクゴ　サレヨレ
32 × 86 = 2752 サニハロ　ニナゴニ	32 × 96 = 3072 サニクロ　サレナニ
32 × 87 = 2784 サニハナ　ニナハヨ	32 × 97 = 3104 サニクナ　サイレヨ
32 × 88 = 2816 サニハー　ニハイロ	32 × 98 = 3136 サニクハ　サイサロ
32 × 92 = 2944 サニクニ　ニクヨー	

33

33 × 12 =	396	サーイニ　サクロ
33 × 13 =	429	サーイサ　ヨニク
33 × 14 =	462	サーイヨ　ヨロニ
33 × 15 =	495	サーイゴ　ヨクゴ
33 × 16 =	528	サーイロ　ゴニハ
33 × 17 =	561	サーイナ　ゴロイ
33 × 18 =	594	サーイハ　ゴクヨ
33 × 22 =	726	サーニー　ナニロ
33 × 23 =	759	サーニサ　ナゴク
33 × 24 =	792	サーニヨ　ナクニ
33 × 25 =	825	サーニゴ　ハニゴ
33 × 26 =	858	サーニロ　ハゴハ
33 × 27 =	891	サーニナ　ハクイ
33 × 28 =	924	サーニハ　クニヨ
33 × 32 =	1056	サーサニ　イレゴロ
33 × 33 =	1089	サーサー　イレハク
33 × 34 =	1122	サーサヨ　イーニー
33 × 35 =	1155	サーサゴ　イーゴー
33 × 36 =	1188	サーサロ　イーハー
33 × 37 =	1221	サーサナ　イニニイ
33 × 38 =	1254	サーサハ　イニゴヨ
33 × 42 =	1386	サーヨニ　イサハロ
33 × 43 =	1419	サーヨサ　イヨイク
33 × 44 =	1452	サーヨー　イヨゴニ
33 × 45 =	1485	サーヨゴ　イヨハゴ
33 × 46 =	1518	サーヨロ　イゴイハ
33 × 47 =	1551	サーヨナ　イゴゴイ
33 × 48 =	1584	サーヨハ　イゴハヨ
33 × 52 =	1716	サーゴニ　イナイロ
33 × 53 =	1749	サーゴサ　イナヨク
33 × 54 =	1782	サーゴヨ　イナハニ
33 × 55 =	1815	サーゴー　イハイゴ
33 × 56 =	1848	サーゴロ　イハヨハ
33 × 57 =	1881	サーゴナ　イハハイ
33 × 58 =	1914	サーゴハ　イクイヨ
33 × 62 =	2046	サーロニ　ニレヨロ
33 × 63 =	2079	サーロサ　ニレナク
33 × 64 =	2112	サーロヨ　ニイイニ
33 × 65 =	2145	サーロゴ　ニイヨゴ
33 × 66 =	2178	サーロー　ニイナハ
33 × 67 =	2211	サーロナ　ニーイー
33 × 68 =	2244	サーロハ　ニーヨー
33 × 72 =	2376	サーナニ　ニサナロ
33 × 73 =	2409	サーナサ　ニヨレク
33 × 74 =	2442	サーナヨ　ニヨヨニ
33 × 75 =	2475	サーナゴ　ニヨナゴ
33 × 76 =	2508	サーナロ　ニゴレハ
33 × 77 =	2541	サーナー　ニゴヨイ
33 × 78 =	2574	サーナハ　ニゴナヨ
33 × 82 =	2706	サーハニ　ニナレロ

33 × 83 = 2739	サーハサ　ニナサク	33 × 93 = 3069	サークサ　サレロク
33 × 84 = 2772	サーハヨ　ニナナニ	33 × 94 = 3102	サークヨ　サイレニ
33 × 85 = 2805	サーハゴ　ニハレゴ	33 × 95 = 3135	サークゴ　サイサゴ
33 × 86 = 2838	サーハロ　ニハサハ	33 × 96 = 3168	サークロ　サイロハ
33 × 87 = 2871	サーハナ　ニハナイ	33 × 97 = 3201	サークナ　サニレイ
33 × 88 = 2904	サーハー　ニクレヨ	33 × 98 = 3234	サークハ　サニサヨ
33 × 92 = 3036	サークニ　サレサロ		

トピック

円周率を覚えよう！

円周率 81 ～ 100 桁目

86280 34825 34211 70679

（続きは 56 ページへ）

34

34 × 12 = 408	サヨイニ　ヨレハ
34 × 13 = 442	サヨイサ　ヨヨニ
34 × 14 = 476	サヨイヨ　ヨナロ
34 × 15 = 510	サヨイゴ　ゴイレ
34 × 16 = 544	サヨイロ　ゴヨー
34 × 17 = 578	サヨイナ　ゴナハ
34 × 18 = 612	サヨイハ　ロイニ
34 × 22 = 748	サヨニー　ナヨハ
34 × 23 = 782	サヨニサ　ナハニ
34 × 24 = 816	サヨニヨ　ハイロ
34 × 25 = 850	サヨニゴ　ハゴレ
34 × 26 = 884	サヨニロ　ハハヨ
34 × 27 = 918	サヨニナ　クイハ
34 × 28 = 952	サヨニハ　クゴニ
34 × 32 = 1088	サヨサニ　イレハー
34 × 33 = 1122	サヨサー　イーニー
34 × 34 = 1156	サヨサヨ　イーゴロ
34 × 35 = 1190	サヨサゴ　イークレ
34 × 36 = 1224	サヨサロ　イニニヨ
34 × 37 = 1258	サヨサナ　イニゴハ
34 × 38 = 1292	サヨサハ　イニクニ
34 × 42 = 1428	サヨヨニ　イヨニハ
34 × 43 = 1462	サヨヨサ　イヨロニ
34 × 44 = 1496	サヨヨー　イヨクロ
34 × 45 = 1530	サヨヨゴ　イゴサレ
34 × 46 = 1564	サヨヨロ　イゴロヨ
34 × 47 = 1598	サヨヨナ　イゴクハ
34 × 48 = 1632	サヨヨハ　イロサニ
34 × 52 = 1768	サヨゴニ　イナロハ
34 × 53 = 1802	サヨゴサ　イハレニ
34 × 54 = 1836	サヨゴヨ　イハサロ
34 × 55 = 1870	サヨゴー　イハナレ
34 × 56 = 1904	サヨゴロ　イクレヨ
34 × 57 = 1938	サヨゴナ　イクサハ
34 × 58 = 1972	サヨゴハ　イクナニ
34 × 62 = 2108	サヨロニ　ニイレハ
34 × 63 = 2142	サヨロサ　ニイヨニ
34 × 64 = 2176	サヨロヨ　ニイナロ
34 × 65 = 2210	サヨロゴ　ニーイレ
34 × 66 = 2244	サヨロー　ニーヨー
34 × 67 = 2278	サヨロナ　ニーナハ
34 × 68 = 2312	サヨロハ　ニサイニ
34 × 72 = 2448	サヨナニ　ニヨヨハ
34 × 73 = 2482	サヨナサ　ニヨハニ
34 × 74 = 2516	サヨナヨ　ニゴイロ
34 × 75 = 2550	サヨナゴ　ニゴゴレ
34 × 76 = 2584	サヨナロ　ニゴハヨ
34 × 77 = 2618	サヨナー　ニロイハ
34 × 78 = 2652	サヨナハ　ニロゴニ
34 × 82 = 2788	サヨハニ　ニナハー

34

34 × 83 =	2822	サヨハサ　ニハニー
34 × 84 =	2856	サヨハヨ　ニハゴロ
34 × 85 =	2890	サヨハゴ　ニハクレ
34 × 86 =	2924	サヨハロ　ニクニヨ
34 × 87 =	2958	サヨハナ　ニクゴハ
34 × 88 =	2992	サヨハー　ニククニ
34 × 92 =	3128	サヨクニ　サイニハ
34 × 93 =	3162	サヨクサ　サイロニ
34 × 94 =	3196	サヨクヨ　サイクロ
34 × 95 =	3230	サヨクゴ　サニサレ
34 × 96 =	3264	サヨクロ　サニロヨ
34 × 97 =	3298	サヨクナ　サニクハ
34 × 98 =	3332	サヨクハ　サーサニ

35

35 × 12 =	420	サゴイニ　ヨニレ
35 × 13 =	455	サゴイサ　ヨゴー
35 × 14 =	490	サゴイヨ　ヨクレ
35 × 15 =	525	サゴイゴ　ゴニゴ
35 × 16 =	560	サゴイロ　ゴロレ
35 × 17 =	595	サゴイナ　ゴクゴ
35 × 18 =	630	サゴイハ　ロサレ
35 × 22 =	770	サゴニー　ナナレ
35 × 23 =	805	サゴニサ　ハレゴ
35 × 24 =	840	サゴニヨ　ハヨレ
35 × 25 =	875	サゴニゴ　ハナゴ
35 × 26 =	910	サゴニロ　クイレ
35 × 27 =	945	サゴニナ　クヨゴ
35 × 28 =	980	サゴニハ　クハレ
35 × 32 =	1120	サゴサニ　イーニレ
35 × 33 =	1155	サゴサー　イーゴー
35 × 34 =	1190	サゴサヨ　イークレ
35 × 35 =	1225	サゴサゴ　イニニゴ
35 × 36 =	1260	サゴサロ　イニロレ
35 × 37 =	1295	サゴサナ　イニクゴ
35 × 38 =	1330	サゴサハ　イササレ
35 × 42 =	1470	サゴヨニ　イヨナレ
35 × 43 =	1505	サゴヨサ　イゴレゴ
35 × 44 =	1540	サゴヨー　イゴヨレ
35 × 45 =	1575	サゴヨゴ　イゴナゴ
35 × 46 =	1610	サゴヨロ　イロイレ

35

35 × 47 = 1645　サゴヨナ　イロヨゴ
35 × 48 = 1680　サゴヨハ　イロハレ
35 × 52 = 1820　サゴゴニ　イハニレ
35 × 53 = 1855　サゴゴサ　イハゴー
35 × 54 = 1890　サゴゴヨ　イハクレ
35 × 55 = 1925　サゴゴー　イクニゴ
35 × 56 = 1960　サゴゴロ　イクロレ
35 × 57 = 1995　サゴゴナ　イククゴ
35 × 58 = 2030　サゴゴハ　ニレサレ
35 × 62 = 2170　サゴロニ　ニイナレ
35 × 63 = 2205　サゴロサ　ニーレゴ
35 × 64 = 2240　サゴロヨ　ニーヨレ
35 × 65 = 2275　サゴロゴ　ニーナゴ
35 × 66 = 2310　サゴロー　ニサイレ
35 × 67 = 2345　サゴロナ　ニサヨゴ
35 × 68 = 2380　サゴロハ　ニサハレ
35 × 72 = 2520　サゴナニ　ニゴニレ
35 × 73 = 2555　サゴナサ　ニゴゴー
35 × 74 = 2590　サゴナヨ　ニゴクレ

35 × 75 = 2625　サゴナゴ　ニロニゴ
35 × 76 = 2660　サゴナロ　ニロロレ
35 × 77 = 2695　サギナー　ニロクゴ
35 × 78 = 2730　サゴナハ　ニナサレ
35 × 82 = 2870　サゴハニ　ニハナレ
35 × 83 = 2905　サゴハサ　ニクレゴ
35 × 84 = 2940　サゴハヨ　ニクヨレ
35 × 85 = 2975　サゴハゴ　ニクナゴ
35 × 86 = 3010　サゴハロ　サレイレ
35 × 87 = 3045　サゴハナ　サレヨゴ
35 × 88 = 3080　サゴハー　サレハレ
35 × 92 = 3220　サゴクニ　サニニレ
35 × 93 = 3255　サゴクサ　サニゴー
35 × 94 = 3290　サゴクヨ　サニクレ
35 × 95 = 3325　サゴクゴ　サーニゴ
35 × 96 = 3360　サゴクロ　サーロレ
35 × 97 = 3395　サゴクナ　サークゴ
35 × 98 = 3430　サゴクハ　サヨサレ

36 × 12 =	432	サロイニ　ヨサニ
36 × 13 =	468	サロイサ　ヨロハ
36 × 14 =	504	サロイヨ　ゴレヨ
36 × 15 =	540	サロイゴ　ゴヨレ
36 × 16 =	576	サロイロ　ゴナロ
36 × 17 =	612	サロイナ　ロイニ
36 × 18 =	648	サロイハ　ロヨハ
36 × 22 =	792	サロニー　ナクニ
36 × 23 =	828	サロニサ　ハニハ
36 × 24 =	864	サロニヨ　ハロヨ
36 × 25 =	900	サロニゴ　クレー
36 × 26 =	936	サロニロ　クサロ
36 × 27 =	972	サロニナ　クナニ
36 × 28 =	1008	サロニハ　イレレハ
36 × 32 =	1152	サロサニ　イーゴニ
36 × 33 =	1188	サロサー　イーハー
36 × 34 =	1224	サロサヨ　イニニヨ
36 × 35 =	1260	サロサゴ　イニロレ
36 × 36 =	1296	サロサロ　イニクロ
36 × 37 =	1332	サロサナ　イササニ
36 × 38 =	1368	サロサハ　イサロハ
36 × 42 =	1512	サロヨニ　イゴイニ
36 × 43 =	1548	サロヨサ　イゴヨハ
36 × 44 =	1584	サロヨー　イゴハヨ
36 × 45 =	1620	サロヨゴ　イロニレ
36 × 46 =	1656	サロヨロ　イロゴロ
36 × 47 =	1692	サロヨナ　イロクニ
36 × 48 =	1728	サロヨハ　イナニハ
36 × 52 =	1872	サロゴニ　イハナニ
36 × 53 =	1908	サロゴサ　イクレハ
36 × 54 =	1944	サロゴヨ　イクヨー
36 × 55 =	1980	サロゴー　イクハレ
36 × 56 =	2016	サロゴロ　ニレイロ
36 × 57 =	2052	サロゴナ　ニレゴニ
36 × 58 =	2088	サロゴハ　ニレハー
36 × 62 =	2232	サロロニ　ニーサニ
36 × 63 =	2268	サロロサ　ニーロハ
36 × 64 =	2304	サロロヨ　ニサレヨ
36 × 65 =	2340	サロロゴ　ニサヨレ
36 × 66 =	2376	サロロー　ニサナロ
36 × 67 =	2412	サロロナ　ニヨイニ
36 × 68 =	2448	サロロハ　ニヨヨハ
36 × 72 =	2592	サロナニ　ニゴクニ
36 × 73 =	2628	サロナサ　ニロニハ
36 × 74 =	2664	サロナヨ　ニロロヨ
36 × 75 =	2700	サロナゴ　ニナレー
36 × 76 =	2736	サロナロ　ニナサロ
36 × 77 =	2772	サロナー　ニナナニ
36 × 78 =	2808	サロナハ　ニハレハ
36 × 82 =	2952	サロハニ　ニクゴニ

36

36 × 83 = 2988	サロハサ　ニクハー	36 × 93 = 3348	サロクサ　サーヨハ
36 × 84 = 3024	サロハヨ　サレニヨ	36 × 94 = 3384	サロクヨ　サーハヨ
36 × 85 = 3060	サロハゴ　サレロレ	36 × 95 = 3420	サロクゴ　サヨニレ
36 × 86 = 3096	サロハロ　サレクロ	36 × 96 = 3456	サロクロ　サヨゴロ
36 × 87 = 3132	サロハナ　サイサニ	36 × 97 = 3492	サロクナ　サヨクニ
36 × 88 = 3168	サロハー　サイロハ	36 × 98 = 3528	サロクハ　サゴニハ
36 × 92 = 3312	サロクニ　サーイニ		

37 × 12 = 444 サナイニ　ヨヨー

37 × 13 = 481 サナイサ　ヨハイ

37 × 14 = 518 サナイヨ　ゴイハ

37 × 15 = 555 サナイゴ　ゴゴー

37 × 16 = 592 サナイロ　ゴクニ

37 × 17 = 629 サナイナ　ロニク

37 × 18 = 666 サナイハ　ロロー

37 × 22 = 814 サナニー　ハイヨ

37 × 23 = 851 サナニサ　ハゴイ

37 × 24 = 888 サナニヨ　ハハー

37 × 25 = 925 サナニゴ　クニゴ

37 × 26 = 962 サナニロ　クロニ

37 × 27 = 999 サナニナ　ククー

37 × 28 = 1036 サナニハ　イレサロ

37 × 32 = 1184 サナサニ　イーハヨ

37 × 33 = 1221 サナサー　イニニイ

37 × 34 = 1258 サナサヨ　イニゴハ

37 × 35 = 1295 サナサゴ　イニクゴ

37 × 36 = 1332 サナサロ　イササニ

37 × 37 = 1369 サナサナ　イサロク

37 × 38 = 1406 サナサハ　イヨレロ

37 × 42 = 1554 サナヨニ　イゴゴヨ

37 × 43 = 1591 サナヨサ　イゴクイ

37 × 44 = 1628 サナヨー　イロニハ

37 × 45 = 1665 サナヨゴ　イロロゴ

37 × 46 = 1702 サナヨロ　イナレニ

37 × 47 = 1739 サナヨナ　イナサク

37 × 48 = 1776 サナヨハ　イナナロ

37 × 52 = 1924 サナゴニ　イクニヨ

37 × 53 = 1961 サナゴサ　イクロイ

37 × 54 = 1998 サナゴヨ　イククハ

37 × 55 = 2035 サナゴー　ニレサゴ

37 × 56 = 2072 サナゴロ　ニレナニ

37 × 57 = 2109 サナゴナ　ニイレク

37 × 58 = 2146 サナゴハ　ニイヨロ

37 × 62 = 2294 サナロニ　ニークヨ

37 × 63 = 2331 サナロサ　ニササイ

37 × 64 = 2368 サナロヨ　ニサロハ

37 × 65 = 2405 サナロゴ　ニヨレゴ

37 × 66 = 2442 サナロー　ニヨヨニ

37 × 67 = 2479 サナロナ　ニヨナク

37 × 68 = 2516 サナロハ　ニゴイロ

37 × 72 = 2664 サナナニ　ニロロヨ

37 × 73 = 2701 サナナサ　ニナレイ

37 × 74 = 2738 サナナヨ　ニナサハ

37 × 75 = 2775 サナナゴ　ニナナゴ

37 × 76 = 2812 サナナロ　ニハイニ

37 × 77 = 2849 サナナー　ニハヨク

37 × 78 = 2886 サナナハ　ニハハロ

37 × 82 = 3034 サナハニ　サレサヨ

37 × 83 = 3071	サナハサ　サイナイ	37 × 93 = 3441	サナクサ　サヨヨイ
37 × 84 = 3108	サナハヨ　サイレハ	37 × 94 = 3478	サナクヨ　サヨナハ
37 × 85 = 3145	サナハゴ　サイヨゴ	37 × 95 = 3515	サナクゴ　サゴイゴ
37 × 86 = 3182	サナハロ　サイハニ	37 × 96 = 3552	サナクロ　サゴゴニ
37 × 87 = 3219	サナハナ　サニイク	37 × 97 = 3589	サナクナ　サゴハク
37 × 88 = 3256	サナハー　サニゴロ	37 × 98 = 3626	サナクハ　サロニロ
37 × 92 = 3404	サナクニ　サヨレヨ		

トピック

円周率を覚えよう！

円周率 101 ～ 120 桁

82148 08651 32823 06647

（続きは 62 ページへ）

38 × 12 = 456 サハイニ　ヨゴロ

38 × 13 = 494 サハイサ　ヨクヨ

38 × 14 = 532 サハイヨ　ゴサニ

38 × 15 = 570 サハイゴ　ゴナレ

38 × 16 = 608 サハイロ　ロレハ

38 × 17 = 646 サハイナ　ロヨロ

38 × 18 = 684 サハイハ　ロハヨ

38 × 22 = 836 サハニー　ハサロ

38 × 23 = 874 サハニサ　ハナヨ

38 × 24 = 912 サハニヨ　クイニ

38 × 25 = 950 サハニゴ　クゴレ

38 × 26 = 988 サハニロ　クハー

38 × 27 = 1026 サハニナ　イレニロ

38 × 28 = 1064 サハニハ　イレロヨ

38 × 32 = 1216 サハサニ　イニイロ

38 × 33 = 1254 サハサー　イニゴヨ

38 × 34 = 1292 サハサヨ　イニクニ

38 × 35 = 1330 サハサゴ　イササレ

38 × 36 = 1368 サハサロ　イサロハ

38 × 37 = 1406 サハサナ　イヨレロ

38 × 38 = 1444 サハサハ　イヨヨー

38 × 42 = 1596 サハヨニ　イゴクロ

38 × 43 = 1634 サハヨサ　イロサヨ

38 × 44 = 1672 サハヨー　イロナニ

38 × 45 = 1710 サハヨゴ　イナイレ

38 × 46 = 1748 サハヨロ　イナヨハ

38 × 47 = 1786 サハヨナ　イナハロ

38 × 48 = 1824 サハヨハ　イハニヨ

38 × 52 = 1976 サハゴニ　イクナロ

38 × 53 = 2014 サハゴサ　ニレイヨ

38 × 54 = 2052 サハゴヨ　ニレゴニ

38 × 55 = 2090 サハゴー　ニレクレ

38 × 56 = 2128 サハゴロ　ニイニハ

38 × 57 = 2166 サハゴナ　ニイロー

38 × 58 = 2204 サハゴハ　ニーレヨ

38 × 62 = 2356 サハロニ　ニサゴロ

38 × 63 = 2394 サハロサ　ニサクヨ

38 × 64 = 2432 サハロヨ　ニヨサヨ

38 × 65 = 2470 サハロゴ　ニヨナレ

38 × 66 = 2508 サハロー　ニゴレハ

38 × 67 = 2546 サハロナ　ニゴヨロ

38 × 68 = 2584 サハロハ　ニゴハヨ

38 × 72 = 2736 サハナニ　ニナサロ

38 × 73 = 2774 サハナサ　ニナナヨ

38 × 74 = 2812 サハナヨ　ニハイニ

38 × 75 = 2850 サハナゴ　ニハゴレ

38 × 76 = 2888 サハナロ　ニハハー

38 × 77 = 2926 サハナー　ニクニロ

38 × 78 = 2964 サハナハ　ニクロヨ

38 × 82 = 3116 サハハニ　サイイロ

38

38 × 83 = 3154　サハハサ　サイゴヨ

38 × 84 = 3192　サハハヨ　サイクニ

38 × 85 = 3230　サハハゴ　サニサレ

38 × 86 = 3268　サハハロ　サニロハ

38 × 87 = 3306　サハハナ　サーレロ

38 × 88 = 3344　サハハー　サーヨー

38 × 92 = 3496　サハクニ　サヨクロ

38 × 93 = 3534　サハクサ　サゴサヨ

38 × 94 = 3572　サハクヨ　サゴナニ

38 × 95 = 3610　サハクゴ　サロイレ

38 × 96 = 3648　サハクロ　サロヨハ

38 × 97 = 3686　サハクナ　サロハロ

38 × 98 = 3724　サハクハ　サナニヨ

39

39 × 12 = 468　サクイニ　ヨロハ

39 × 13 = 507　サクイサ　ゴレナ

39 × 14 = 546　サクイヨ　ゴヨロ

39 × 15 = 585　サクイゴ　ゴハゴ

39 × 16 = 624　サクイロ　ロニヨ

39 × 17 = 663　サクイナ　ロロサ

39 × 18 = 702　サクイハ　ナレニ

39 × 22 = 858　サクニー　ハゴハ

39 × 23 = 897　サクニサ　ハクナ

39 × 24 = 936　サクニヨ　クサロ

39 × 25 = 975　サクニゴ　クナゴ

39 × 26 = 1014　サクニロ　イレイヨ

39 × 27 = 1053　サクニナ　イレゴサ

39 × 28 = 1092　サクニハ　イレクニ

39 × 32 = 1248　サクサニ　イニヨハ

39 × 33 = 1287　サクサー　イニハナ

39 × 34 = 1326　サクサヨ　イサニロ

39 × 35 = 1365　サクサゴ　イサロゴ

39 × 36 = 1404　サクサロ　イヨレヨ

39 × 37 = 1443　サクサナ　イヨヨサ

39 × 38 = 1482　サクサハ　イヨハニ

39 × 42 = 1638　サクヨニ　イロサハ

39 × 43 = 1677　サクヨサ　イロナー

39 × 44 = 1716　サクヨー　イナイロ

39 × 45 = 1755　サクヨゴ　イナゴー

39 × 46 = 1794　サクヨロ　イナクヨ

39 × 47 = 1833 サクヨナ　イハサー
39 × 48 = 1872 サクヨハ　イハナニ
39 × 52 = 2028 サクゴニ　ニレニハ
39 × 53 = 2067 サクゴサ　ニレロナ
39 × 54 = 2106 サクゴヨ　ニイレロ
39 × 55 = 2145 サクゴー　ニイヨゴ
39 × 56 = 2184 サクゴロ　ニイハヨ
39 × 57 = 2223 サクゴナ　ニーニサ
39 × 58 = 2262 サクゴハ　ニーロニ
39 × 62 = 2418 サクロニ　ニヨイハ
39 × 63 = 2457 サクロサ　ニヨゴナ
39 × 64 = 2496 サクロヨ　ニヨクロ
39 × 65 = 2535 サクロゴ　ニゴサゴ
39 × 66 = 2574 サクロー　ニゴナヨ
39 × 67 = 2613 サクロナ　ニロイサ
39 × 68 = 2652 サクロハ　ニロゴニ
39 × 72 = 2808 サクナニ　ニハレハ
39 × 73 = 2847 サクナサ　ニハヨナ
39 × 74 = 2886 サクナヨ　ニハハロ
39 × 75 = 2925 サクナゴ　ニクニゴ
39 × 76 = 2964 サクナロ　ニクロヨ
39 × 77 = 3003 サクナー　サレレサ
39 × 78 = 3042 サクナハ　サレヨニ
39 × 82 = 3198 サクハニ　サイクハ
39 × 83 = 3237 サクハサ　サニサナ
39 × 84 = 3276 サクハヨ　サニナロ
39 × 85 = 3315 サクハゴ　サーイゴ
39 × 86 = 3354 サクハロ　サーゴヨ
39 × 87 = 3393 サクハナ　サークサ
39 × 88 = 3432 サクハー　サヨサニ
39 × 92 = 3588 サククニ　サゴハー
39 × 93 = 3627 サククサ　サロニナ
39 × 94 = 3666 サククヨ　サロロー
39 × 95 = 3705 サククゴ　サナレゴ
39 × 96 = 3744 サククロ　サナヨー
39 × 97 = 3783 サククナ　サナハサ
39 × 98 = 3822 サククハ　サハニー

40

$40 \times 36 =$ 1440	ヨレサロ　イヨヨレ	$40 \times 68 =$ 2720	ヨレロハ　ニナニレ
$40 \times 37 =$ 1480	ヨレサナ　イヨハレ	$40 \times 76 =$ 3040	ヨレナロ　サレヨレ
$40 \times 38 =$ 1520	ヨレサハ　イゴニレ	$40 \times 77 =$ 3080	ヨレナー　サレハレ
$40 \times 46 =$ 1840	ヨレヨロ　イハヨレ	$40 \times 78 =$ 3120	ヨレナハ　サイニレ
$40 \times 47 =$ 1880	ヨレヨナ　イハハレ	$40 \times 86 =$ 3440	ヨレハロ　サヨヨレ
$40 \times 48 =$ 1920	ヨレヨハ　イクニレ	$40 \times 87 =$ 3480	ヨレハナ　サヨハレ
$40 \times 56 =$ 2240	ヨレゴロ　ニーヨレ	$40 \times 88 =$ 3520	ヨレハー　サゴニレ
$40 \times 57 =$ 2280	ヨレゴナ　ニーハレ	$40 \times 96 =$ 3840	ヨレクロ　サハヨレ
$40 \times 58 =$ 2320	ヨレゴハ　ニサニレ	$40 \times 97 =$ 3880	ヨレクナ　サハハレ
$40 \times 66 =$ 2640	ヨレロー　ニロヨレ	$40 \times 98 =$ 3920	ヨレクハ　サクニレ
$40 \times 67 =$ 2680	ヨレロナ　ニロハレ		

41

41 × 12 = 492 ヨイイニ　ヨクニ
41 × 13 = 533 ヨイイサ　ゴサー
41 × 14 = 574 ヨイイヨ　ゴナヨ
41 × 15 = 615 ヨイイゴ　ロイゴ
41 × 16 = 656 ヨイイロ　ロゴロ
41 × 17 = 697 ヨイイナ　ロクナ
41 × 18 = 738 ヨイイハ　ナサハ
41 × 22 = 902 ヨイニー　クレニ
41 × 23 = 943 ヨイニサ　クヨサ
41 × 24 = 984 ヨイニヨ　クハヨ
41 × 25 = 1025 ヨイニゴ　イレニゴ
41 × 26 = 1066 ヨイニロ　イレロー
41 × 27 = 1107 ヨイニナ　イーレナ
41 × 28 = 1148 ヨイニハ　イーヨハ
41 × 32 = 1312 ヨイサニ　イサイニ
41 × 33 = 1353 ヨイサー　イサゴサ
41 × 34 = 1394 ヨイサヨ　イサクヨ
41 × 35 = 1435 ヨイサゴ　イヨサゴ
41 × 36 = 1476 ヨイサロ　イヨナロ
41 × 37 = 1517 ヨイサナ　イゴイナ
41 × 38 = 1558 ヨイサハ　イゴゴハ
41 × 42 = 1722 ヨイヨニ　イナニー
41 × 43 = 1763 ヨイヨサ　イナロサ
41 × 44 = 1804 ヨイヨー　イハレヨ
41 × 45 = 1845 ヨイヨゴ　イハヨゴ

41 × 46 = 1886 ヨイヨロ　イハハロ
41 × 47 = 1927 ヨイヨナ　イクニナ
41 × 48 = 1968 ヨイヨハ　イクロハ
41 × 52 = 2132 ヨイゴニ　ニイサニ
41 × 53 = 2173 ヨイゴサ　ニイナサ
41 × 54 = 2214 ヨイゴヨ　ニーイヨ
41 × 55 = 2255 ヨイゴー　ニーゴー
41 × 56 = 2296 ヨイゴロ　ニークロ
41 × 57 = 2337 ヨイゴナ　ニササナ
41 × 58 = 2378 ヨイゴハ　ニサナハ
41 × 62 = 2542 ヨイロニ　ニゴヨニ
41 × 63 = 2583 ヨイロサ　ニゴハサ
41 × 64 = 2624 ヨイロヨ　ニロニヨ
41 × 65 = 2665 ヨイロゴ　ニロロゴ
41 × 66 = 2706 ヨイロー　ニナレロ
41 × 67 = 2747 ヨイロナ　ニナヨナ
41 × 68 = 2788 ヨイロハ　ニナハー
41 × 72 = 2952 ヨイナニ　ニクゴニ
41 × 73 = 2993 ヨイナサ　ニククサ
41 × 74 = 3034 ヨイナヨ　サレサヨ
41 × 75 = 3075 ヨイナゴ　サレナゴ
41 × 76 = 3116 ヨイナロ　サイイロ
41 × 77 = 3157 ヨイナー　サイゴナ
41 × 78 = 3198 ヨイナハ　サイクハ
41 × 82 = 3362 ヨイハニ　サーロニ

41

41 × 83 = 3403	ヨイハサ　サヨレサ	41 × 93 = 3813	ヨイクサ　サハイサ
41 × 84 = 3444	ヨイハヨ　サヨヨー	41 × 94 = 3854	ヨイクヨ　サハゴヨ
41 × 85 = 3485	ヨイハゴ　サヨハゴ	41 × 95 = 3895	ヨイクゴ　サハクゴ
41 × 86 = 3526	ヨイハロ　サゴニロ	41 × 96 = 3936	ヨイクロ　サクサロ
41 × 87 = 3567	ヨイハナ　サゴロナ	41 × 97 = 3977	ヨイクナ　サクナー
41 × 88 = 3608	ヨイハー　サロレハ	41 × 98 = 4018	ヨイクハ　ヨレイハ
41 × 92 = 3772	ヨイクニ　サナナニ		

トピック

円周率を覚えよう！

円周率 121 ～ 140 桁目

09384 46095 50582 23172

（続きは 69 ページへ）

42 × 12 =	504	ヨニイニ　ゴレヨ
42 × 13 =	546	ヨニイサ　ゴヨロ
42 × 14 =	588	ヨニイヨ　ゴハー
42 × 15 =	630	ヨニイゴ　ロサレ
42 × 16 =	672	ヨニイロ　ロナニ
42 × 17 =	714	ヨニイナ　ナイヨ
42 × 18 =	756	ヨニイハ　ナゴロ
42 × 22 =	924	ヨニニー　クニヨ
42 × 23 =	966	ヨニニサ　クロー
42 × 24 =	1008	ヨニニヨ　イレレハ
42 × 25 =	1050	ヨニニゴ　イレゴレ
42 × 26 =	1092	ヨニニロ　イレクニ
42 × 27 =	1134	ヨニニナ　イーサヨ
42 × 28 =	1176	ヨニニハ　イーナロ
42 × 32 =	1344	ヨニサニ　イサヨー
42 × 33 =	1386	ヨニサー　イサハロ
42 × 34 =	1428	ヨニサヨ　イヨニハ
42 × 35 =	1470	ヨニサゴ　イヨナレ
42 × 36 =	1512	ヨニサロ　イゴイニ
42 × 37 =	1554	ヨニサナ　イゴゴヨ
42 × 38 =	1596	ヨニサハ　イゴクロ
42 × 42 =	1764	ヨニヨニ　イナロヨ
42 × 43 =	1806	ヨニヨサ　イハレロ
42 × 44 =	1848	ヨニヨー　イハヨハ
42 × 45 =	1890	ヨニヨゴ　イハクレ
42 × 46 =	1932	ヨニヨロ　イクサニ
42 × 47 =	1974	ヨニヨナ　イクナヨ
42 × 48 =	2016	ヨニヨハ　ニレイロ
42 × 52 =	2184	ヨニゴニ　ニイハヨ
42 × 53 =	2226	ヨニゴサ　ニーニロ
42 × 54 =	2268	ヨニゴヨ　ニーロハ
42 × 55 =	2310	ヨニゴー　ニサイレ
42 × 56 =	2352	ヨニゴロ　ニサゴニ
42 × 57 =	2394	ヨニゴナ　ニサクヨ
42 × 58 =	2436	ヨニゴハ　ニヨサロ
42 × 62 =	2604	ヨニロニ　ニロレヨ
42 × 63 =	2646	ヨニロサ　ニロヨロ
42 × 64 =	2688	ヨニロヨ　ニロハー
42 × 65 =	2730	ヨニロゴ　ニナサレ
42 × 66 =	2772	ヨニロー　ニナナニ
42 × 67 =	2814	ヨニロナ　ニハイヨ
42 × 68 =	2856	ヨニロハ　ニハゴロ
42 × 72 =	3024	ヨニナニ　サレニヨ
42 × 73 =	3066	ヨニナサ　サレロー
42 × 74 =	3108	ヨニナヨ　サイレハ
42 × 75 =	3150	ヨニナゴ　サイゴレ
42 × 76 =	3192	ヨニナロ　サイクニ
42 × 77 =	3234	ヨニナー　サニサヨ
42 × 78 =	3276	ヨニナハ　サニナロ
42 × 82 =	3444	ヨニハニ　サヨヨー

42

42 × 83 = 3486　ヨニハサ　サヨハロ

42 × 84 = 3528　ヨニハヨ　サゴニハ

42 × 85 = 3570　ヨニハゴ　サゴナレ

42 × 86 = 3612　ヨニハロ　サロイニ

42 × 87 = 3654　ヨニハナ　サロゴヨ

42 × 88 = 3696　ヨニハー　サロクロ

42 × 92 = 3864　ヨニクニ　サハロヨ

42 × 93 = 3906　ヨニクサ　サクレロ

42 × 94 = 3948　ヨニクヨ　サクヨハ

42 × 95 = 3990　ヨニクゴ　サククレ

42 × 96 = 4032　ヨニクロ　ヨレサニ

42 × 97 = 4074　ヨニクナ　ヨレナヨ

42 × 98 = 4116　ヨニクハ　ヨイイロ

43

43 × 12 = 516　ヨサイニ　ゴイロ

43 × 13 = 559　ヨサイサ　ゴゴク

43 × 14 = 602　ヨサイヨ　ロレニ

43 × 15 = 645　ヨサイゴ　ロヨゴ

43 × 16 = 688　ヨサイロ　ロハー

43 × 17 = 731　ヨサイナ　ナサイ

43 × 18 = 774　ヨサイハ　ナナヨ

43 × 22 = 946　ヨサニー　クヨロ

43 × 23 = 989　ヨサニサ　クハク

43 × 24 = 1032　ヨサニヨ　イレサニ

43 × 25 = 1075　ヨサニゴ　イレナゴ

43 × 26 = 1118　ヨサニロ　イーイハ

43 × 27 = 1161　ヨサニナ　イーロイ

43 × 28 = 1204　ヨサニハ　イニレヨ

43 × 32 = 1376　ヨササニ　イサナロ

43 × 33 = 1419　ヨササー　イヨイク

43 × 34 = 1462　ヨササヨ　イヨロニ

43 × 35 = 1505　ヨササゴ　イゴレゴ

43 × 36 = 1548　ヨササロ　イゴヨハ

43 × 37 = 1591　ヨササナ　イゴクイ

43 × 38 = 1634　ヨササハ　イロサヨ

43 × 42 = 1806　ヨサヨニ　イハレロ

43 × 43 = 1849　ヨサヨサ　イハヨク

43 × 44 = 1892　ヨサヨー　イハクニ

43 × 45 = 1935　ヨサヨゴ　イクサゴ

43 × 46 = 1978　ヨサヨロ　イクナハ

$43 \times 47 = 2021$ ヨサヨナ　ニレニイ

$43 \times 48 = 2064$ ヨサヨハ　ニレロヨ

$43 \times 52 = 2236$ ヨサゴニ　ニーサロ

$43 \times 53 = 2279$ ヨサゴサ　ニーナク

$43 \times 54 = 2322$ ヨサゴヨ　ニサニー

$43 \times 55 = 2365$ ヨサゴー　ニサロゴ

$43 \times 56 = 2408$ ヨサゴロ　ニヨレハ

$43 \times 57 = 2451$ ヨサゴナ　ニヨゴイ

$43 \times 58 = 2494$ ヨサゴハ　ニヨクヨ

$43 \times 62 = 2666$ ヨサロニ　ニロロー

$43 \times 63 = 2709$ ヨサロサ　ニナレク

$43 \times 64 = 2752$ ヨサロヨ　ニナゴニ

$43 \times 65 = 2795$ ヨサロゴ　ニナクゴ

$43 \times 66 = 2838$ ヨサロー　ニハサハ

$43 \times 67 = 2881$ ヨサロナ　ニハハイ

$43 \times 68 = 2924$ ヨサロハ　ニクニヨ

$43 \times 72 = 3096$ ヨサナニ　サレクロ

$43 \times 73 = 3139$ ヨサナサ　サイサク

$43 \times 74 = 3182$ ヨサナヨ　サイハニ

$43 \times 75 = 3225$ ヨサナゴ　サニニゴ

$43 \times 76 = 3268$ ヨサナロ　サニロハ

$43 \times 77 = 3311$ ヨサナー　サーイー

$43 \times 78 = 3354$ ヨサナハ　サーゴヨ

$43 \times 82 = 3526$ ヨサハニ　サゴニロ

$43 \times 83 = 3569$ ヨサハサ　サゴロク

$43 \times 84 = 3612$ ヨサハヨ　サロイニ

$43 \times 85 = 3655$ ヨサハゴ　サロゴー

$43 \times 86 = 3698$ ヨサハロ　サロクハ

$43 \times 87 = 3741$ ヨサハナ　サナヨイ

$43 \times 88 = 3784$ ヨサハー　サナハヨ

$43 \times 92 = 3956$ ヨサクニ　サクゴロ

$43 \times 93 = 3999$ ヨサクサ　サククー

$43 \times 94 = 4042$ ヨサクヨ　ヨレヨニ

$43 \times 95 = 4085$ ヨサクゴ　ヨレハゴ

$43 \times 96 = 4128$ ヨサクロ　ヨイニハ

$43 \times 97 = 4171$ ヨサクナ　ヨイナイ

$43 \times 98 = 4214$ ヨサクハ　ヨニイヨ

44

44 × 12 = 528	ヨーイニ　ゴニハ	44 × 46 = 2024	ヨーヨロ　ニレニヨ
44 × 13 = 572	ヨーイサ　ゴナニ	44 × 47 = 2068	ヨーヨナ　ニレロハ
44 × 14 = 616	ヨーイヨ　ロイロ	44 × 48 = 2112	ヨーヨハ　ニイイニ
44 × 15 = 660	ヨーイゴ　ロロレ	44 × 52 = 2288	ヨーゴニ　ニーハー
44 × 16 = 704	ヨーイロ　ナレヨ	44 × 53 = 2332	ヨーゴサ　ニササニ
44 × 17 = 748	ヨーイナ　ナヨハ	44 × 54 = 2376	ヨーゴヨ　ニサナロ
44 × 18 = 792	ヨーイハ　ナクニ	44 × 55 = 2420	ヨーゴー　ニヨニレ
44 × 22 = 968	ヨーニー　クロハ	44 × 56 = 2464	ヨーゴロ　ニヨロヨ
44 × 23 = 1012	ヨーニサ　イレイニ	44 × 57 = 2508	ヨーゴナ　ニゴレハ
44 × 24 = 1056	ヨーニヨ　イレゴロ	44 × 58 = 2552	ヨーゴハ　ニゴゴニ
44 × 25 = 1100	ヨーニゴ　イーレー	44 × 62 = 2728	ヨーロニ　ニナニハ
44 × 26 = 1144	ヨーニロ　イーヨー	44 × 63 = 2772	ヨーロサ　ニナナニ
44 × 27 = 1188	ヨーニナ　イーハー	44 × 64 = 2816	ヨーロヨ　ニハイロ
44 × 28 = 1232	ヨーニハ　イニサニ	44 × 65 = 2860	ヨーロゴ　ニハロレ
44 × 32 = 1408	ヨーサニ　イヨレハ	44 × 66 = 2904	ヨーロー　ニクレヨ
44 × 33 = 1452	ヨーサー　イヨゴニ	44 × 67 = 2948	ヨーロナ　ニクヨハ
44 × 34 = 1496	ヨーサヨ　イヨクロ	44 × 68 = 2992	ヨーロハ　ニククニ
44 × 35 = 1540	ヨーサゴ　イゴヨレ	44 × 72 = 3168	ヨーナニ　サイロハ
44 × 36 = 1584	ヨーサロ　イゴハヨ	44 × 73 = 3212	ヨーナサ　サニイニ
44 × 37 = 1628	ヨーサナ　イロニハ	44 × 74 = 3256	ヨーナヨ　サニゴロ
44 × 38 = 1672	ヨーサハ　イロナニ	44 × 75 = 3300	ヨーナゴ　サーレー
44 × 42 = 1848	ヨーヨニ　イハヨハ	44 × 76 = 3344	ヨーナロ　サーヨー
44 × 43 = 1892	ヨーヨサ　イハクニ	44 × 77 = 3388	ヨーナー　サーハー
44 × 44 = 1936	ヨーヨー　イクサロ	44 × 78 = 3432	ヨーナハ　サヨサニ
44 × 45 = 1980	ヨーヨゴ　イクハレ	44 × 82 = 3608	ヨーハニ　サロレハ

44 × 83 = 3652 ヨーハサ　サロゴニ	44 × 93 = 4092 ヨークサ　ヨレクニ
44 × 84 = 3696 ヨーハヨ　サロクロ	44 × 94 = 4136 ヨークヨ　ヨイサロ
44 × 85 = 3740 ヨーハゴ　サナヨレ	44 × 95 = 4180 ヨークゴ　ヨイハレ
44 × 86 = 3784 ヨーハロ　サナハヨ	44 × 96 = 4224 ヨークロ　ヨニニヨ
44 × 87 = 3828 ヨーハナ　サハニハ	44 × 97 = 4268 ヨークナ　ヨニロハ
44 × 88 = 3872 ヨーハー　サハナニ	44 × 98 = 4312 ヨークハ　ヨサイニ
44 × 92 = 4048 ヨークニ　ヨレヨハ	

45

45 × 12 = 540	ヨゴイニ　ゴヨレ	45 × 46 = 2070	ヨゴヨロ　ニレナレ
45 × 13 = 585	ヨゴイサ　ゴハゴ	45 × 47 = 2115	ヨゴヨナ　ニイイゴ
45 × 14 = 630	ヨゴイヨ　ロサレ	45 × 48 = 2160	ヨゴヨハ　ニイロレ
45 × 15 = 675	ヨゴイゴ　ロナゴ	45 × 52 = 2340	ヨゴゴニ　ニサヨレ
45 × 16 = 720	ヨゴイロ　ナニレ	45 × 53 = 2385	ヨゴゴサ　ニサハゴ
45 × 17 = 765	ヨゴイナ　ナロゴ	45 × 54 = 2430	ヨゴゴヨ　ニヨサレ
45 × 18 = 810	ヨゴイハ　ハイレ	45 × 55 = 2475	ヨゴゴー　ニヨナゴ
45 × 22 = 990	ヨゴニー　ククレ	45 × 56 = 2520	ヨゴゴロ　ニゴニレ
45 × 23 = 1035	ヨゴニサ　イレサゴ	45 × 57 = 2565	ヨゴゴナ　ニゴロゴ
45 × 24 = 1080	ヨゴニヨ　イレハレ	45 × 58 = 2610	ヨゴゴハ　ニロイレ
45 × 25 = 1125	ヨゴニゴ　イーニゴ	45 × 62 = 2790	ヨゴロニ　ニナクレ
45 × 26 = 1170	ヨゴニロ　イーナレ	45 × 63 = 2835	ヨゴロサ　ニハサゴ
45 × 27 = 1215	ヨゴニナ　イニイゴ	45 × 64 = 2880	ヨゴロヨ　ニハハレ
45 × 28 = 1260	ヨゴニハ　イニロレ	45 × 65 = 2925	ヨゴロゴ　ニクニゴ
45 × 32 = 1440	ヨゴサニ　イヨヨレ	45 × 66 = 2970	ヨゴロー　ニクナレ
45 × 33 = 1485	ヨゴサー　イヨハゴ	45 × 67 = 3015	ヨゴロナ　サレイゴ
45 × 34 = 1530	ヨゴサヨ　イゴサレ	45 × 68 = 3060	ヨゴロハ　サレロレ
45 × 35 = 1575	ヨゴサゴ　イゴナゴ	45 × 72 = 3240	ヨゴナニ　サニヨレ
45 × 36 = 1620	ヨゴサロ　イロニレ	45 × 73 = 3285	ヨゴナサ　サニハゴ
45 × 37 = 1665	ヨゴサナ　イロロゴ	45 × 74 = 3330	ヨゴナヨ　サーサレ
45 × 38 = 1710	ヨゴサハ　イナイレ	45 × 75 = 3375	ヨゴナゴ　サーナゴ
45 × 42 = 1890	ヨゴヨニ　イハクレ	45 × 76 = 3420	ヨゴナロ　サヨニレ
45 × 43 = 1935	ヨゴヨサ　イクサゴ	45 × 77 = 3465	ヨゴナー　サヨロゴ
45 × 44 = 1980	ヨゴヨー　イクハレ	45 × 78 = 3510	ヨゴナハ　サゴイレ
45 × 45 = 2025	ヨゴヨゴ　ニレニゴ	45 × 82 = 3690	ヨゴハニ　サロクレ

45 × 83 = 3735	ヨゴハサ　サナサゴ	45 × 93 = 4185	サゴクサ　ヨイハゴ
45 × 84 = 3780	ヨゴハヨ　サナハレ	45 × 94 = 4230	サゴクヨ　ヨニサレ
45 × 85 = 3825	ヨゴハゴ　サハニゴ	45 × 95 = 4275	サゴクゴ　ヨニナゴ
45 × 86 = 3870	ヨゴハロ　サハナレ	45 × 96 = 4320	サゴクロ　ヨサニレ
45 × 87 = 3915	ヨゴハナ　サクイゴ	45 × 97 = 4365	サゴクナ　ヨサロゴ
45 × 88 = 3960	ヨゴハー　サクロレ	45 × 98 = 4410	サゴクハ　ヨーイレ
45 × 92 = 4140	サゴクニ　ヨイヨレ		

トピック

円周率を覚えよう！

円周率 141 ～ 160 桁目

53594 08128 48111 74502

（続きは 78 ページへ）

46

46 × 12 = 552	ヨロイニ　ゴゴニ
46 × 13 = 598	ヨロイサ　ゴクハ
46 × 14 = 644	ヨロイヨ　ロヨー
46 × 15 = 690	ヨロイゴ　ロクレ
46 × 16 = 736	ヨロイロ　ナサロ
46 × 17 = 782	ヨロイナ　ナハニ
46 × 18 = 828	ヨロイハ　ハニハ
46 × 22 = 1012	ヨロニー　イレイニ
46 × 23 = 1058	ヨロニサ　イレゴハ
46 × 24 = 1104	ヨロニヨ　イーレヨ
46 × 25 = 1150	ヨロニゴ　イーゴレ
46 × 26 = 1196	ヨロニロ　イークロ
46 × 27 = 1242	ヨロニナ　イニヨニ
46 × 28 = 1288	ヨロニハ　イニハー
46 × 32 = 1472	ヨロサニ　イヨナニ
46 × 33 = 1518	ヨロサー　イゴイハ
46 × 34 = 1564	ヨロサヨ　イゴロヨ
46 × 35 = 1610	ヨロサゴ　イロイレ
46 × 36 = 1656	ヨロサロ　イロゴロ
46 × 37 = 1702	ヨロサナ　イナレニ
46 × 38 = 1748	ヨロサハ　イナヨハ
46 × 42 = 1932	ヨロヨニ　イクサニ
46 × 43 = 1978	ヨロヨサ　イクナハ
46 × 44 = 2024	ヨロヨー　ニレニヨ
46 × 45 = 2070	ヨロヨゴ　ニレナレ
46 × 46 = 2116	ヨロヨロ　ニイイロ
46 × 47 = 2162	ヨロヨナ　ニイロニ
46 × 48 = 2208	ヨロヨハ　ニーレハ
46 × 52 = 2392	ヨロゴニ　ニサクニ
46 × 53 = 2438	ヨロゴサ　ニヨサハ
46 × 54 = 2484	ヨロゴヨ　ニヨハヨ
46 × 55 = 2530	ヨロゴー　ニゴサレ
46 × 56 = 2576	ヨロゴロ　ニゴナロ
46 × 57 = 2622	ヨロゴナ　ニロニー
46 × 58 = 2668	ヨロゴハ　ニロロハ
46 × 62 = 2852	ヨロロニ　ニハゴニ
46 × 63 = 2898	ヨロロサ　ニハクハ
46 × 64 = 2944	ヨロロヨ　ニクヨー
46 × 65 = 2990	ヨロロゴ　ニククレ
46 × 66 = 3036	ヨロロー　サレサロ
46 × 67 = 3082	ヨロロナ　サレハニ
46 × 68 = 3128	ヨロロハ　サイニハ
46 × 72 = 3312	ヨロナニ　サーイニ
46 × 73 = 3358	ヨロナサ　サーゴハ
46 × 74 = 3404	ヨロナヨ　サヨレヨ
46 × 75 = 3450	ヨロナゴ　サヨゴレ
46 × 76 = 3496	ヨロナロ　サヨクロ
46 × 77 = 3542	ヨロナー　サゴヨニ
46 × 78 = 3588	ヨロナハ　サゴハー
46 × 82 = 3772	ヨロハニ　サナナニ

46

46 × 83 = 3818 ヨロハサ サハイハ
46 × 84 = 3864 ヨロハヨ サハロヨ
46 × 85 = 3910 ヨロハゴ サクイレ
46 × 86 = 3956 ヨロハロ サクゴロ
46 × 87 = 4002 ヨロハナ ヨレレニ
46 × 88 = 4048 ヨロハー ヨレヨハ
46 × 92 = 4232 ヨロクニ ヨニサニ
46 × 93 = 4278 ヨロクサ ヨニナハ
46 × 94 = 4324 ヨロクヨ ヨサニヨ
46 × 95 = 4370 ヨロクゴ ヨサナレ
46 × 96 = 4416 ヨロクロ ヨーイロ
46 × 97 = 4462 ヨロクナ ヨーロニ
46 × 98 = 4508 ヨロクハ ヨゴレハ

47

47 × 12 = 564 ヨナイニ ゴロヨ
47 × 13 = 611 ヨナイサ ロイー
47 × 14 = 658 ヨナイヨ ロゴハ
47 × 15 = 705 ヨナイゴ ナレゴ
47 × 16 = 752 ヨナイロ ナゴニ
47 × 17 = 799 ヨナイナ ナクー
47 × 18 = 846 ヨナイハ ハヨロ
47 × 22 = 1034 ヨナニー イレサヨ
47 × 23 = 1081 ヨナニサ イレハイ
47 × 24 = 1128 ヨナニヨ イーニハ
47 × 25 = 1175 ヨナニゴ イーナゴ
47 × 26 = 1222 ヨナニロ イニニー
47 × 27 = 1269 ヨナニナ イニロク
47 × 28 = 1316 ヨナニハ イサイロ
47 × 32 = 1504 ヨナサニ イゴレヨ
47 × 33 = 1551 ヨナサー イゴゴイ
47 × 34 = 1598 ヨナサヨ イゴクハ
47 × 35 = 1645 ヨナサゴ イロヨゴ
47 × 36 = 1692 ヨナサロ イロクニ
47 × 37 = 1739 ヨナサナ イナサク
47 × 38 = 1786 ヨナサハ イナハロ
47 × 42 = 1974 ヨナヨニ イクナヨ
47 × 43 = 2021 ヨナヨサ ニレニイ
47 × 44 = 2068 ヨナヨー ニレロハ
47 × 45 = 2115 ヨナヨゴ ニイイゴ
47 × 46 = 2162 ヨナヨロ ニイロニ

47

47 × 47 = 2209	ヨナヨナ　ニーレク	47 × 75 = 3525	ヨナナゴ　サゴニゴ
47 × 48 = 2256	ヨナヨハ　ニーゴロ	47 × 76 = 3572	ヨナナロ　サゴナニ
47 × 52 = 2444	ヨナゴニ　ニヨヨー	47 × 77 = 3619	ヨナナー　サロイク
47 × 53 = 2491	ヨナゴサ　ニヨクイ	47 × 78 = 3666	ヨナナハ　サロロー
47 × 54 = 2538	ヨナゴヨ　ニゴサハ	47 × 82 = 3854	ヨナハニ　サハゴヨ
47 × 55 = 2585	ヨナゴー　ニゴハゴ	47 × 83 = 3901	ヨナハサ　サクレイ
47 × 56 = 2632	ヨナゴロ　ニロサニ	47 × 84 = 3948	ヨナハヨ　サクヨハ
47 × 57 = 2679	ヨナゴナ　ニロナク	47 × 85 = 3995	ヨナハゴ　サククゴ
47 × 58 = 2726	ヨナゴハ　ニナニロ	47 × 86 = 4042	ヨナハロ　ヨレヨニ
47 × 62 = 2914	ヨナロニ　ニクイヨ	47 × 87 = 4089	ヨナハナ　ヨレハク
47 × 63 = 2961	ヨナロサ　ニクロイ	47 × 88 = 4136	ヨナハー　ヨイサロ
47 × 64 = 3008	ヨナロヨ　サレレハ	47 × 92 = 4324	ヨナクニ　ヨサニヨ
47 × 65 = 3055	ヨナロゴ　サレゴー	47 × 93 = 4371	ヨナクサ　ヨサナイ
47 × 66 = 3102	ヨナロー　サイレニ	47 × 94 = 4418	ヨナクヨ　ヨーイハ
47 × 67 = 3149	ヨナロナ　サイヨク	47 × 95 = 4465	ヨナクゴ　ヨーロゴ
47 × 68 = 3196	ヨナロハ　サイクロ	47 × 96 = 4512	ヨナクロ　ヨゴイニ
47 × 72 = 3384	ヨナナニ　サーハヨ	47 × 97 = 4559	ヨナクナ　ヨゴゴク
47 × 73 = 3431	ヨナナサ　サヨサイ	47 × 98 = 4606	ヨナクハ　ヨロレロ
47 × 74 = 3478	ヨナナヨ　サヨナハ		

48 × 12 = 576	ヨハイニ　ゴナロ
48 × 13 = 624	ヨハイサ　ロニヨ
48 × 14 = 672	ヨハイヨ　ロナニ
48 × 15 = 720	ヨハイゴ　ナニレ
48 × 16 = 768	ヨハイロ　ナロハ
48 × 17 = 816	ヨハイナ　ハイロ
48 × 18 = 864	ヨハイハ　ハロヨ
48 × 22 = 1056	ヨハニー　イレゴロ
48 × 23 = 1104	ヨハニサ　イーレヨ
48 × 24 = 1152	ヨハニヨ　イーゴニ
48 × 25 = 1200	ヨハニゴ　イニレー
48 × 26 = 1248	ヨハニロ　イニヨハ
48 × 27 = 1296	ヨハニナ　イニクロ
48 × 28 = 1344	ヨハニハ　イサヨー
48 × 32 = 1536	ヨハサニ　イゴサロ
48 × 33 = 1584	ヨハサー　イゴハヨ
48 × 34 = 1632	ヨハサヨ　イロサニ
48 × 35 = 1680	ヨハサゴ　イロハレ
48 × 36 = 1728	ヨハサロ　イナニハ
48 × 37 = 1776	ヨハサナ　イナナロ
48 × 38 = 1824	ヨハサハ　イハニヨ
48 × 42 = 2016	ヨハヨニ　ニレイロ
48 × 43 = 2064	ヨハヨサ　ニレロヨ
48 × 44 = 2112	ヨハヨー　ニイイニ
48 × 45 = 2160	ヨハヨゴ　ニイロレ
48 × 46 = 2208	ヨハヨロ　ニーレハ
48 × 47 = 2256	ヨハヨナ　ニーゴロ
48 × 48 = 2304	ヨハヨハ　ニサレヨ
48 × 52 = 2496	ヨハゴニ　ニヨクロ
48 × 53 = 2544	ヨハゴサ　ニゴヨー
48 × 54 = 2592	ヨハゴヨ　ニゴクニ
48 × 55 = 2640	ヨハゴー　ニロヨレ
48 × 56 = 2688	ヨハゴロ　ニロハー
48 × 57 = 2736	ヨハゴナ　ニナサロ
48 × 58 = 2784	ヨハゴハ　ニナハヨ
48 × 62 = 2976	ヨハロニ　ニクナロ
48 × 63 = 3024	ヨハロサ　サレニヨ
48 × 64 = 3072	ヨハロヨ　サレナニ
48 × 65 = 3120	ヨハロゴ　サイニレ
48 × 66 = 3168	ヨハロー　サイロハ
48 × 67 = 3216	ヨハロナ　サニイロ
48 × 68 = 3264	ヨハロハ　サニロヨ
48 × 72 = 3456	ヨハナニ　サヨゴロ
48 × 73 = 3504	ヨハナサ　サゴレヨ
48 × 74 = 3552	ヨハナヨ　サゴゴニ
48 × 75 = 3600	ヨハナゴ　サロレー
48 × 76 = 3648	ヨハナロ　サロヨハ
48 × 77 = 3696	ヨハナー　サロクロ
48 × 78 = 3744	ヨハナハ　サナヨー
48 × 82 = 3936	ヨハハニ　サクサロ

48

48 × 83 = 3984 ヨハハサ　サクハヨ	48 × 93 = 4464 ヨハクサ　ヨーロヨ
48 × 84 = 4032 ヨハハヨ　ヨレサニ	48 × 94 = 4512 ヨハクヨ　ヨゴイニ
48 × 85 = 4080 ヨハハゴ　ヨレハレ	48 × 95 = 4560 ヨハクゴ　ヨゴロレ
48 × 86 = 4128 ヨハハロ　ヨイニハ	48 × 96 = 4608 ヨハクロ　ヨロレハ
48 × 87 = 4176 ヨハハナ　ヨイナロ	48 × 97 = 4656 ヨハクナ　ヨロゴロ
48 × 88 = 4224 ヨハハー　ヨニニヨ	48 × 98 = 4704 ヨハクハ　ヨナレヨ
48 × 92 = 4416 ヨハクニ　ヨーイロ	

$49 \times 12 = 588$	ヨクイニ　ゴハー
$49 \times 13 = 637$	ヨクイサ　ロサナ
$49 \times 14 = 686$	ヨクイヨ　ロハロ
$49 \times 15 = 735$	ヨクイゴ　ナサゴ
$49 \times 16 = 784$	ヨクイロ　ナハヨ
$49 \times 17 = 833$	ヨクイナ　ハサー
$49 \times 18 = 882$	ヨクイハ　ハハニ
$49 \times 22 = 1078$	ヨクニー　イレナハ
$49 \times 23 = 1127$	ヨクニサ　イーニナ
$49 \times 24 = 1176$	ヨクニヨ　イーナロ
$49 \times 25 = 1225$	ヨクニゴ　イニニゴ
$49 \times 26 = 1274$	ヨクニロ　イニナヨ
$49 \times 27 = 1323$	ヨクニナ　イサニサ
$49 \times 28 = 1372$	ヨクニハ　イサナニ
$49 \times 32 = 1568$	ヨクサニ　イゴロハ
$49 \times 33 = 1617$	ヨクサー　イロイナ
$49 \times 34 = 1666$	ヨクサヨ　イロロー
$49 \times 35 = 1715$	ヨクサゴ　イナイゴ
$49 \times 36 = 1764$	ヨクサロ　イナロヨ
$49 \times 37 = 1813$	ヨクサナ　イハイサ
$49 \times 38 = 1862$	ヨクサハ　イハロニ
$49 \times 42 = 2058$	ヨクヨニ　ニレゴハ
$49 \times 43 = 2107$	ヨクヨサ　ニイレナ
$49 \times 44 = 2156$	ヨクヨー　ニイゴロ
$49 \times 45 = 2205$	ヨクヨゴ　ニーレゴ
$49 \times 46 = 2254$	ヨクヨロ　ニーゴヨ
$49 \times 47 = 2303$	ヨクヨナ　ニサレサ
$49 \times 48 = 2352$	ヨクヨハ　ニサゴニ
$49 \times 52 = 2548$	ヨクゴニ　ニゴヨハ
$49 \times 53 = 2597$	ヨクゴサ　ニゴクナ
$49 \times 54 = 2646$	ヨクゴヨ　ニロヨロ
$49 \times 55 = 2695$	ヨクゴー　ニロクゴ
$49 \times 56 = 2744$	ヨクゴロ　ニナヨー
$49 \times 57 = 2793$	ヨクゴナ　ニナクサ
$49 \times 58 = 2842$	ヨクゴハ　ニハヨニ
$49 \times 62 = 3038$	ヨクロニ　サレサハ
$49 \times 63 = 3087$	ヨクロサ　サレハナ
$49 \times 64 = 3136$	ヨクロヨ　サイサロ
$49 \times 65 = 3185$	ヨクロゴ　サイハゴ
$49 \times 66 = 3234$	ヨクロー　サニサヨ
$49 \times 67 = 3283$	ヨクロナ　サニハサ
$49 \times 68 = 3332$	ヨクロハ　サーサニ
$49 \times 72 = 3528$	ヨクナニ　サゴニハ
$49 \times 73 = 3577$	ヨクナサ　サゴナー
$49 \times 74 = 3626$	ヨクナヨ　サロニロ
$49 \times 75 = 3675$	ヨクナゴ　サロナゴ
$49 \times 76 = 3724$	ヨクナロ　サナニヨ
$49 \times 77 = 3773$	ヨクナー　サナナサ
$49 \times 78 = 3822$	ヨクナハ　サハニー
$49 \times 82 = 4018$	ヨクハニ　ヨレイハ

49

49 × 83 = 4067	ヨクハサ　ヨレロナ		49 × 93 = 4557	ヨククサ　ヨゴゴナ
49 × 84 = 4116	ヨクハヨ　ヨイイロ		49 × 94 = 4606	ヨククヨ　ヨロレロ
49 × 85 = 4165	ヨクハゴ　ヨイロゴ		49 × 95 = 4655	ヨククゴ　ヨロゴー
49 × 86 = 4214	ヨクハロ　ヨニイヨ		49 × 96 = 4704	ヨククロ　ヨナレヨ
49 × 87 = 4263	ヨクハナ　ヨニロサ		49 × 97 = 4753	ヨククナ　ヨナゴサ
49 × 88 = 4312	ヨクハー　ヨサイニ		49 × 98 = 4802	ヨククハ　ヨハレニ
49 × 92 = 4508	ヨククニ　ヨゴレハ			

50

50 × 37 = 1850	ゴレサナ　イハゴレ		50 × 77 = 3850	ゴレナー　サハゴレ
50 × 47 = 2350	ゴレヨナ　ニサゴレ		50 × 87 = 4350	ゴレハナ　ヨサゴレ
50 × 57 = 2850	ゴレゴナ　ニハゴレ		50 × 97 = 4850	ゴレクナ　ヨハゴレ
50 × 67 = 3350	ゴレロナ　サーゴレ			

51 × 12 = 612 ゴイイニ　ロイニ

51 × 13 = 663 ゴイイサ　ロロサ

51 × 14 = 714 ゴイイヨ　ナイヨ

51 × 15 = 765 ゴイイゴ　ナロゴ

51 × 16 = 816 ゴイイロ　ハイロ

51 × 17 = 867 ゴイイナ　ハロナ

51 × 18 = 918 ゴイイハ　クイハ

51 × 22 = 1122 ゴイニー　イーニー

51 × 23 = 1173 ゴイニサ　イーナサ

51 × 24 = 1224 ゴイニヨ　イニニヨ

51 × 25 = 1275 ゴイニゴ　イニナゴ

51 × 26 = 1326 ゴイニロ　イサニロ

51 × 27 = 1377 ゴイニナ　イサナー

51 × 28 = 1428 ゴイニハ　イヨニハ

51 × 32 = 1632 ゴイサニ　イロサニ

51 × 33 = 1683 ゴイサー　イロハサ

51 × 34 = 1734 ゴイサヨ　イナサヨ

51 × 35 = 1785 ゴイサゴ　イナハゴ

51 × 36 = 1836 ゴイサロ　イハサロ

51 × 37 = 1887 ゴイサナ　イハハナ

51 × 38 = 1938 ゴイサハ　イクサハ

51 × 42 = 2142 ゴイヨニ　ニイヨニ

51 × 43 = 2193 ゴイヨサ　ニイクサ

51 × 44 = 2244 ゴイヨー　ニーヨー

51 × 45 = 2295 ゴイヨゴ　ニークゴ

51 × 46 = 2346 ゴイヨロ　ニサヨロ

51 × 47 = 2397 ゴイヨナ　ニサクナ

51 × 48 = 2448 ゴイヨハ　ニヨヨハ

51 × 52 = 2652 ゴイゴニ　ニロゴニ

51 × 53 = 2703 ゴイゴサ　ニナレサ

51 × 54 = 2754 ゴイゴヨ　ニナゴヨ

51 × 55 = 2805 ゴイゴー　ニハレゴ

51 × 56 = 2856 ゴイゴロ　ニハゴロ

51 × 57 = 2907 ゴイゴナ　ニクレナ

51 × 58 = 2958 ゴイゴハ　ニクゴハ

51 × 62 = 3162 ゴイロニ　サイロニ

51 × 63 = 3213 ゴイロサ　サニイサ

51 × 64 = 3264 ゴイロヨ　サニロヨ

51 × 65 = 3315 ゴイロゴ　サーイゴ

51 × 66 = 3366 ゴイロー　サーロー

51 × 67 = 3417 ゴイロナ　サヨイナ

51 × 68 = 3468 ゴイロハ　サヨロハ

51 × 72 = 3672 ゴイナニ　サロナニ

51 × 73 = 3723 ゴイナサ　サナニサ

51 × 74 = 3774 ゴイナヨ　サナナヨ

51 × 75 = 3825 ゴイナゴ　サハニゴ

51 × 76 = 3876 ゴイナロ　サハナロ

51 × 77 = 3927 ゴイナー　サクニナ

51 × 78 = 3978 ゴイナハ　サクナハ

51 × 82 = 4182 ゴイハニ　ヨイハニ

51

51 × 83 = 4233	ゴイハサ　ヨニサー	51 × 93 = 4743	ゴイクサ　ヨナヨサ
51 × 84 = 4284	ゴイハヨ　ヨニハヨ	51 × 94 = 4794	ゴイクヨ　ヨナクヨ
51 × 85 = 4335	ゴイハゴ　ヨササゴ	51 × 95 = 4845	ゴイクゴ　ヨハヨゴ
51 × 86 = 4386	ゴイハロ　ヨサハロ	51 × 96 = 4896	ゴイクロ　ヨハクロ
51 × 87 = 4437	ゴイハナ　ヨーサナ	51 × 97 = 4947	ゴイクナ　ヨクヨナ
51 × 88 = 4488	ゴイハー　ヨーハー	51 × 98 = 4998	ゴイクハ　ヨククハ
51 × 92 = 4692	ゴイクニ　ヨロクニ		

トピック

円周率を覚えよう！

円周率 161 ～ 180 桁目

84102 70193 85211 05559

（続きは 85 ページへ）

52 × 12 = 624 ゴニイニ　ロニヨ
52 × 13 = 676 ゴニイサ　ロナロ
52 × 14 = 728 ゴニイヨ　ナニハ
52 × 15 = 780 ゴニイゴ　ナハレ
52 × 16 = 832 ゴニイロ　ハサニ
52 × 17 = 884 ゴニイナ　ハハヨ
52 × 18 = 936 ゴニイハ　クサロ
52 × 22 = 1144 ゴニニー　イーヨー
52 × 23 = 1196 ゴニニサ　イークロ
52 × 24 = 1248 ゴニニヨ　イニヨハ
52 × 25 = 1300 ゴニニゴ　イサレー
52 × 26 = 1352 ゴニニロ　イサゴニ
52 × 27 = 1404 ゴニニナ　イヨレヨ
52 × 28 = 1456 ゴニニハ　イヨゴロ
52 × 32 = 1664 ゴニサニ　イロロヨ
52 × 33 = 1716 ゴニサー　イナイロ
52 × 34 = 1768 ゴニサヨ　イナロハ
52 × 35 = 1820 ゴニサゴ　イハニレ
52 × 36 = 1872 ゴニサロ　イハナニ
52 × 37 = 1924 ゴニサナ　イクニヨ
52 × 38 = 1976 ゴニサハ　イクナロ
52 × 42 = 2184 ゴニヨニ　ニイハヨ
52 × 43 = 2236 ゴニヨサ　ニーサロ
52 × 44 = 2288 ゴニヨー　ニーハー
52 × 45 = 2340 ゴニヨゴ　ニサヨレ
52 × 46 = 2392 ゴニヨロ　ニサクニ
52 × 47 = 2444 ゴニヨナ　ニヨヨー
52 × 48 = 2496 ゴニヨハ　ニヨクロ
52 × 52 = 2704 ゴニゴニ　ニナレヨ
52 × 53 = 2756 ゴニゴサ　ニナゴロ
52 × 54 = 2808 ゴニゴヨ　ニハレハ
52 × 55 = 2860 ゴニゴー　ニハロレ
52 × 56 = 2912 ゴニゴロ　ニクイニ
52 × 57 = 2964 ゴニゴナ　ニクロヨ
52 × 58 = 3016 ゴニゴハ　サレイロ
52 × 62 = 3224 ゴニロニ　サニニヨ
52 × 63 = 3276 ゴニロサ　サニナロ
52 × 64 = 3328 ゴニロヨ　サーニハ
52 × 65 = 3380 ゴニロゴ　サーハレ
52 × 66 = 3432 ゴニロー　サヨサニ
52 × 67 = 3484 ゴニロナ　サヨハヨ
52 × 68 = 3536 ゴニロハ　サゴサロ
52 × 72 = 3744 ゴニナニ　サナヨー
52 × 73 = 3796 ゴニナサ　サナクロ
52 × 74 = 3848 ゴニナヨ　サハヨハ
52 × 75 = 3900 ゴニナゴ　サクレー
52 × 76 = 3952 ゴニナロ　サクゴニ
52 × 77 = 4004 ゴニナー　ヨレレヨ
52 × 78 = 4056 ゴニナハ　ヨレゴロ
52 × 82 = 4264 ゴニハニ　ヨニロヨ

52

$52 \times 83 = 4316$ ゴニハサ　ヨサイロ

$52 \times 84 = 4368$ ゴニハヨ　ヨサロハ

$52 \times 85 = 4420$ ゴニハゴ　ヨーニレ

$52 \times 86 = 4472$ ゴニハロ　ヨーナニ

$52 \times 87 = 4524$ ゴニハナ　ヨゴニヨ

$52 \times 88 = 4576$ ゴニハー　ヨゴナロ

$52 \times 92 = 4784$ ゴニクニ　ヨナハヨ

$52 \times 93 = 4836$ ゴニクサ　ヨハサロ

$52 \times 94 = 4888$ ゴニクヨ　ヨハハー

$52 \times 95 = 4940$ ゴニクゴ　ヨクヨレ

$52 \times 96 = 4992$ ゴニクロ　ヨククニ

$52 \times 97 = 5044$ ゴニクナ　ゴレヨー

$52 \times 98 = 5096$ ゴニクハ　ゴレクロ

53

$53 \times 12 = 636$ ゴサイニ　ロサロ

$53 \times 13 = 689$ ゴサイサ　ロハク

$53 \times 14 = 742$ ゴサイヨ　ナヨニ

$53 \times 15 = 795$ ゴサイゴ　ナクゴ

$53 \times 16 = 848$ ゴサイロ　ハヨハ

$53 \times 17 = 901$ ゴサイナ　クレイ

$53 \times 18 = 954$ ゴサイハ　クゴヨ

$53 \times 22 = 1166$ ゴサニー　イーロー

$53 \times 23 = 1219$ ゴサニサ　イニイク

$53 \times 24 = 1272$ ゴサニヨ　イニナニ

$53 \times 25 = 1325$ ゴサニゴ　イサニゴ

$53 \times 26 = 1378$ ゴサニロ　イサナハ

$53 \times 27 = 1431$ ゴサニナ　イヨサイ

$53 \times 28 = 1484$ ゴサニハ　イヨハヨ

$53 \times 32 = 1696$ ゴササニ　イロクロ

$53 \times 33 = 1749$ ゴササー　イナヨク

$53 \times 34 = 1802$ ゴササヨ　イハレニ

$53 \times 35 = 1855$ ゴササゴ　イハゴー

$53 \times 36 = 1908$ ゴササロ　イクレハ

$53 \times 37 = 1961$ ゴササナ　イクロイ

$53 \times 38 = 2014$ ゴササハ　ニレイヨ

$53 \times 42 = 2226$ ゴサヨニ　ニーニロ

$53 \times 43 = 2279$ ゴサヨサ　ニーナク

$53 \times 44 = 2332$ ゴサヨー　ニササニ

$53 \times 45 = 2385$ ゴサヨゴ　ニサハゴ

$53 \times 46 = 2438$ ゴサヨロ　ニヨサハ

$53 \times 47 = 2491$ ゴサヨナ　ニヨクイ
$53 \times 48 = 2544$ ゴサヨハ　ニゴヨー
$53 \times 52 = 2756$ ゴサゴニ　ニナゴロ
$53 \times 53 = 2809$ ゴサゴサ　ニハレク
$53 \times 54 = 2862$ ゴサゴヨ　ニハロニ
$53 \times 55 = 2915$ ゴサゴー　ニクイゴ
$53 \times 56 = 2968$ ゴサゴロ　ニクロハ
$53 \times 57 = 3021$ ゴサゴナ　サレニイ
$53 \times 58 = 3074$ ゴサゴハ　サレナヨ
$53 \times 62 = 3286$ ゴサロニ　サニハロ
$53 \times 63 = 3339$ ゴサロサ　サーサク
$53 \times 64 = 3392$ ゴサロヨ　サークニ
$53 \times 65 = 3445$ ゴサロゴ　サヨヨゴ
$53 \times 66 = 3498$ ゴサロー　サヨクハ
$53 \times 67 = 3551$ ゴサロナ　サゴゴイ
$53 \times 68 = 3604$ ゴサロハ　サロレヨ
$53 \times 72 = 3816$ ゴサナニ　サハイロ
$53 \times 73 = 3869$ ゴサナサ　サハロク
$53 \times 74 = 3922$ ゴサナヨ　サクニー
$53 \times 75 = 3975$ ゴサナゴ　サクナゴ
$53 \times 76 = 4028$ ゴサナロ　ヨレニハ
$53 \times 77 = 4081$ ゴサナー　ヨレハイ
$53 \times 78 = 4134$ ゴサナハ　ヨイサヨ
$53 \times 82 = 4346$ ゴサハニ　ヨサヨロ
$53 \times 83 = 4399$ ゴサハサ　ヨサクー
$53 \times 84 = 4452$ ゴサハヨ　ヨーゴニ
$53 \times 85 = 4505$ ゴサハゴ　ヨゴレゴ
$53 \times 86 = 4558$ ゴサハロ　ヨゴゴハ
$53 \times 87 = 4611$ ゴサハナ　ヨロイー
$53 \times 88 = 4664$ ゴサハー　ヨロロヨ
$53 \times 92 = 4876$ ゴサクニ　ヨハナロ
$53 \times 93 = 4929$ ゴサクサ　ヨクニク
$53 \times 94 = 4982$ ゴサクヨ　ヨクハニ
$53 \times 95 = 5035$ ゴサクゴ　ゴレサゴ
$53 \times 96 = 5088$ ゴサクロ　ゴレハー
$53 \times 97 = 5141$ ゴサクナ　ゴイヨイ
$53 \times 98 = 5194$ ゴサクハ　ゴイクヨ

54

54 × 12 = 648 ゴヨイニ　ロヨハ
54 × 13 = 702 ゴヨイサ　ナレニ
54 × 14 = 756 ゴヨイヨ　ナゴロ
54 × 15 = 810 ゴヨイゴ　ハイレ
54 × 16 = 864 ゴヨイロ　ハロヨ
54 × 17 = 918 ゴヨイナ　クイハ
54 × 18 = 972 ゴヨイハ　クナニ
54 × 22 = 1188 ゴヨニー　イーハー
54 × 23 = 1242 ゴヨニサ　イニヨニ
54 × 24 = 1296 ゴヨニヨ　イニクロ
54 × 25 = 1350 ゴヨニゴ　イサゴレ
54 × 26 = 1404 ゴヨニロ　イヨレヨ
54 × 27 = 1458 ゴヨニナ　イヨゴハ
54 × 28 = 1512 ゴヨニハ　イゴイニ
54 × 32 = 1728 ゴヨサニ　イナニハ
54 × 33 = 1782 ゴヨサー　イナハニ
54 × 34 = 1836 ゴヨサヨ　イハサロ
54 × 35 = 1890 ゴヨサゴ　イハクレ
54 × 36 = 1944 ゴヨサロ　イクヨー
54 × 37 = 1998 ゴヨサナ　イククハ
54 × 38 = 2052 ゴヨサハ　ニレゴニ
54 × 42 = 2268 ゴヨヨニ　ニーロハ
54 × 43 = 2322 ゴヨヨサ　ニサニー
54 × 44 = 2376 ゴヨヨー　ニサナロ
54 × 45 = 2430 ゴヨヨゴ　ニヨサレ
54 × 46 = 2484 ゴヨヨロ　ニヨハヨ
54 × 47 = 2538 ゴヨヨナ　ニゴサハ
54 × 48 = 2592 ゴヨヨハ　ニゴクニ
54 × 52 = 2808 ゴヨゴニ　ニハレハ
54 × 53 = 2862 ゴヨゴサ　ニハロニ
54 × 54 = 2916 ゴヨゴヨ　ニクイロ
54 × 55 = 2970 ゴヨゴー　ニクナレ
54 × 56 = 3024 ゴヨゴロ　サレニヨ
54 × 57 = 3078 ゴヨゴナ　サレナハ
54 × 58 = 3132 ゴヨゴハ　サイサニ
54 × 62 = 3348 ゴヨロニ　サーヨハ
54 × 63 = 3402 ゴヨロサ　サヨレニ
54 × 64 = 3456 ゴヨロヨ　サヨゴロ
54 × 65 = 3510 ゴヨロゴ　サゴイレ
54 × 66 = 3564 ゴヨロー　サゴロヨ
54 × 67 = 3618 ゴヨロナ　サロイハ
54 × 68 = 3672 ゴヨロハ　サロナニ
54 × 72 = 3888 ゴヨナニ　サハハー
54 × 73 = 3942 ゴヨナサ　サクヨニ
54 × 74 = 3996 ゴヨナヨ　サククロ
54 × 75 = 4050 ゴヨナゴ　ヨレゴレ
54 × 76 = 4104 ゴヨナロ　ヨイレヨ
54 × 77 = 4158 ゴヨナー　ヨイゴハ
54 × 78 = 4212 ゴヨナハ　ヨニイニ
54 × 82 = 4428 ゴヨハニ　ヨーニハ

54 × 83 = 4482	ゴヨハサ　ヨーハニ	54 × 93 = 5022	ゴヨクサ　ゴレニー
54 × 84 = 4536	ゴヨハヨ　ヨゴサロ	54 × 94 = 5076	ゴヨクヨ　ゴレナロ
54 × 85 = 4590	ゴヨハゴ　ヨゴクレ	54 × 95 = 5130	ゴヨクゴ　ゴイサレ
54 × 86 = 4644	ゴヨハロ　ヨロヨー	54 × 96 = 5184	ゴヨクロ　ゴイハヨ
54 × 87 = 4698	ゴヨハナ　ヨロクハ	54 × 97 = 5238	ゴヨクナ　ゴニサハ
54 × 88 = 4752	ゴヨハー　ヨナゴニ	54 × 98 = 5292	ゴヨクハ　ゴニクニ
54 × 92 = 4968	ゴヨクニ　ヨクロハ		

55

55 × 12 = 660 ゴーイニ　ロロレ
55 × 13 = 715 ゴーイサ　ナイゴ
55 × 14 = 770 ゴーイヨ　ナナレ
55 × 15 = 825 ゴーイゴ　ハニゴ
55 × 16 = 880 ゴーイロ　ハハレ
55 × 17 = 935 ゴーイナ　クサゴ
55 × 18 = 990 ゴーイハ　ククレ
55 × 22 = 1210 ゴーニー　イニイレ
55 × 23 = 1265 ゴーニサ　イニロゴ
55 × 24 = 1320 ゴーニヨ　イサニレ
55 × 25 = 1375 ゴーニゴ　イサナゴ
55 × 26 = 1430 ゴーニロ　イヨサレ
55 × 27 = 1485 ゴーニナ　イヨハゴ
55 × 28 = 1540 ゴーニハ　イゴヨレ
55 × 32 = 1760 ゴーサニ　イナロレ
55 × 33 = 1815 ゴーサー　イハイゴ
55 × 34 = 1870 ゴーサヨ　イハナレ
55 × 35 = 1925 ゴーサゴ　イクニゴ
55 × 36 = 1980 ゴーサロ　イクハレ
55 × 37 = 2035 ゴーサナ　ニレサゴ
55 × 38 = 2090 ゴーサハ　ニレクレ
55 × 42 = 2310 ゴーヨニ　ニサイレ
55 × 43 = 2365 ゴーヨサ　ニサロゴ
55 × 44 = 2420 ゴーヨー　ニヨニレ
55 × 45 = 2475 ゴーヨゴ　ニヨナゴ

55 × 46 = 2530 ゴーヨロ　ニゴサレ
55 × 47 = 2585 ゴーヨナ　ニゴハゴ
55 × 48 = 2640 ゴーヨハ　ニロヨレ
55 × 52 = 2860 ゴーゴニ　ニハロレ
55 × 53 = 2915 ゴーゴサ　ニクイゴ
55 × 54 = 2970 ゴーゴヨ　ニクナレ
55 × 55 = 3025 ゴーゴー　サレニゴ
55 × 56 = 3080 ゴーゴロ　サレハレ
55 × 57 = 3135 ゴーゴナ　サイサゴ
55 × 58 = 3190 ゴーゴハ　サイクレ
55 × 62 = 3410 ゴーロニ　サヨイレ
55 × 63 = 3465 ゴーロサ　サヨロゴ
55 × 64 = 3520 ゴーロヨ　サゴニレ
55 × 65 = 3575 ゴーロゴ　サゴナゴ
55 × 66 = 3630 ゴーロー　サロサレ
55 × 67 = 3685 ゴーロナ　サロハゴ
55 × 68 = 3740 ゴーロハ　サナヨレ
55 × 72 = 3960 ゴーナニ　サクロレ
55 × 73 = 4015 ゴーナサ　ヨレイゴ
55 × 74 = 4070 ゴーナヨ　ヨレナレ
55 × 75 = 4125 ゴーナゴ　ヨイニゴ
55 × 76 = 4180 ゴーナロ　ヨイハレ
55 × 77 = 4235 ゴーナー　ヨニサゴ
55 × 78 = 4290 ゴーナハ　ヨニクレ
55 × 82 = 4510 ゴーハニ　ヨゴイレ

55 × 83 = 4565	ゴーハサ　ヨゴロゴ	55 × 93 = 5115	ゴークサ　ゴイイゴ
55 × 84 = 4620	ゴーハヨ　ヨロニレ	55 × 94 = 5170	ゴークヨ　ゴイナレ
55 × 85 = 4675	ゴーハゴ　ヨロナゴ	55 × 95 = 5225	ゴークゴ　ゴニニゴ
55 × 86 = 4730	ゴーハロ　ヨナサレ	55 × 96 = 5280	ゴークロ　ゴニハレ
55 × 87 = 4785	ゴーハナ　ヨナハゴ	55 × 97 = 5335	ゴークナ　ゴササゴ
55 × 88 = 4840	ゴーハー　ヨハヨレ	55 × 98 = 5390	ゴークハ　ゴサクレ
55 × 92 = 5060	ゴークニ　ゴレロレ		

トピック

円周率を覚えよう！

円周率 181 ～ 200 桁目

64462 29489 54930 38196

ゴール

56

56 × 12 = 672	ゴロイニ　ロナニ	56 × 46 = 2576	ゴロヨロ　ニゴナロ
56 × 13 = 728	ゴロイサ　ナニハ	56 × 47 = 2632	ゴロヨナ　ニロサニ
56 × 14 = 784	ゴロイヨ　ナハヨ	56 × 48 = 2688	ゴロヨハ　ニロハー
56 × 15 = 840	ゴロイゴ　ハヨレ	56 × 52 = 2912	ゴロゴニ　ニクイニ
56 × 16 = 896	ゴロイロ　ハクロ	56 × 53 = 2968	ゴロゴサ　ニクロハ
56 × 17 = 952	ゴロイナ　クゴニ	56 × 54 = 3024	ゴロゴヨ　サレニヨ
56 × 18 = 1008	ゴロイハ　イレレハ	56 × 55 = 3080	ゴロゴー　サレハレ
56 × 22 = 1232	ゴロニー　イニサニ	56 × 56 = 3136	ゴロゴロ　サイサロ
56 × 23 = 1288	ゴロニサ　イニハー	56 × 57 = 3192	ゴロゴナ　サイクニ
56 × 24 = 1344	ゴロニヨ　イサヨー	56 × 58 = 3248	ゴロゴハ　サニヨハ
56 × 25 = 1400	ゴロニゴ　イヨレー	56 × 62 = 3472	ゴロロニ　サヨナニ
56 × 26 = 1456	ゴロニロ　イヨゴロ	56 × 63 = 3528	ゴロロサ　サゴニハ
56 × 27 = 1512	ゴロニナ　イゴイニ	56 × 64 = 3584	ゴロロヨ　サゴハヨ
56 × 28 = 1568	ゴロニハ　イゴロハ	56 × 65 = 3640	ゴロロゴ　サロヨレ
56 × 32 = 1792	ゴロサニ　イナクニ	56 × 66 = 3696	ゴロロー　サロクロ
56 × 33 = 1848	ゴロサー　イハヨハ	56 × 67 = 3752	ゴロロナ　サナゴニ
56 × 34 = 1904	ゴロサヨ　イクレヨ	56 × 68 = 3808	ゴロロハ　サハレハ
56 × 35 = 1960	ゴロサゴ　イクロレ	56 × 72 = 4032	ゴロナニ　ヨレサニ
56 × 36 = 2016	ゴロサロ　ニレイロ	56 × 73 = 4088	ゴロナサ　ヨレハー
56 × 37 = 2072	ゴロサナ　ニレナニ	56 × 74 = 4144	ゴロナヨ　ヨイヨー
56 × 38 = 2128	ゴロサハ　ニイニハ	56 × 75 = 4200	ゴロナゴ　ヨニレー
56 × 42 = 2352	ゴロヨニ　ニサゴニ	56 × 76 = 4256	ゴロナロ　ヨニゴロ
56 × 43 = 2408	ゴロヨサ　ニヨレハ	56 × 77 = 4312	ゴロナー　ヨサイニ
56 × 44 = 2464	ゴロヨー　ニヨロヨ	56 × 78 = 4368	ゴロナハ　ヨサロハ
56 × 45 = 2520	ゴロヨゴ　ニゴニレ	56 × 82 = 4592	ゴロハニ　ヨゴクニ

56

56 × 83 = 4648	ゴロハサ　ヨロヨハ
56 × 84 = 4704	ゴロハヨ　ヨナレヨ
56 × 85 = 4760	ゴロハゴ　ヨナロレ
56 × 86 = 4816	ゴロハロ　ヨハイロ
56 × 87 = 4872	ゴロハナ　ヨハナニ
56 × 88 = 4928	ゴロハー　ヨクニハ
56 × 92 = 5152	ゴロクニ　ゴイゴニ
56 × 93 = 5208	ゴロクサ　ゴニレハ
56 × 94 = 5264	ゴロクヨ　ゴニロヨ
56 × 95 = 5320	ゴロクゴ　ゴサニレ
56 × 96 = 5376	ゴロクロ　ゴサナロ
56 × 97 = 5432	ゴロクナ　ゴヨサニ
56 × 98 = 5488	ゴロクハ　ゴヨハー

57

57 × 12 = 684	ゴナイニ　ロハヨ
57 × 13 = 741	ゴナイサ　ナヨイ
57 × 14 = 798	ゴナイヨ　ナクハ
57 × 15 = 855	ゴナイゴ　ハゴー
57 × 16 = 912	ゴナイロ　クイニ
57 × 17 = 969	ゴナイナ　クロク
57 × 18 = 1026	ゴナイハ　イレニロ
57 × 22 = 1254	ゴナニー　イニゴヨ
57 × 23 = 1311	ゴナニサ　イサイー
57 × 24 = 1368	ゴナニヨ　イサロハ
57 × 25 = 1425	ゴナニゴ　イヨニゴ
57 × 26 = 1482	ゴナニロ　イヨハニ
57 × 27 = 1539	ゴナニナ　イゴサク
57 × 28 = 1596	ゴナニハ　イゴクロ
57 × 32 = 1824	ゴナサニ　イハニヨ
57 × 33 = 1881	ゴナサー　イハハイ
57 × 34 = 1938	ゴナサヨ　イクサハ
57 × 35 = 1995	ゴナサゴ　イククゴ
57 × 36 = 2052	ゴナサロ　ニレゴニ
57 × 37 = 2109	ゴナサナ　ニイレク
57 × 38 = 2166	ゴナサハ　ニイロー
57 × 42 = 2394	ゴナヨニ　ニサクヨ
57 × 43 = 2451	ゴナヨサ　ニヨゴイ
57 × 44 = 2508	ゴナヨー　ニゴレハ
57 × 45 = 2565	ゴナヨゴ　ニゴロゴ
57 × 46 = 2622	ゴナヨロ　ニロニー

57

57 × 47 = 2679	ゴナヨナ　ニロナク
57 × 48 = 2736	ゴナヨハ　ニナサロ
57 × 52 = 2964	ゴナゴニ　ニクロヨ
57 × 53 = 3021	ゴナゴサ　サレニイ
57 × 54 = 3078	ゴナゴヨ　サレナハ
57 × 55 = 3135	ゴナゴー　サイサゴ
57 × 56 = 3192	ゴナゴロ　サイクニ
57 × 57 = 3249	ゴナゴナ　サニヨク
57 × 58 = 3306	ゴナゴハ　サーレロ
57 × 62 = 3534	ゴナロニ　サゴサヨ
57 × 63 = 3591	ゴナロサ　サゴクイ
57 × 64 = 3648	ゴナロヨ　サロヨハ
57 × 65 = 3705	ゴナロゴ　サナレゴ
57 × 66 = 3762	ゴナロー　サナロニ
57 × 67 = 3819	ゴナロナ　サハイク
57 × 68 = 3876	ゴナロハ　サハナロ
57 × 72 = 4104	ゴナナニ　ヨイレヨ
57 × 73 = 4161	ゴナナサ　ヨイロイ
57 × 74 = 4218	ゴナナヨ　ヨニイハ
57 × 75 = 4275	ゴナナゴ　ヨニナゴ
57 × 76 = 4332	ゴナナロ　ヨササニ
57 × 77 = 4389	ゴナナー　ヨサハク
57 × 78 = 4446	ゴナナハ　ヨーヨロ
57 × 82 = 4674	ゴナハニ　ヨロナヨ
57 × 83 = 4731	ゴナハサ　ヨナサイ
57 × 84 = 4788	ゴナハヨ　ヨナハー
57 × 85 = 4845	ゴナハゴ　ヨハヨゴ
57 × 86 = 4902	ゴナハロ　ヨクレニ
57 × 87 = 4959	ゴナハナ　ヨクゴク
57 × 88 = 5016	ゴナハー　ゴレイロ
57 × 92 = 5244	ゴナクニ　ゴニヨー
57 × 93 = 5301	ゴナクサ　ゴサレイ
57 × 94 = 5358	ゴナクヨ　ゴサゴハ
57 × 95 = 5415	ゴナクゴ　ゴヨイゴ
57 × 96 = 5472	ゴナクロ　ゴヨナニ
57 × 97 = 5529	ゴナクナ　ゴーニク
57 × 98 = 5586	ゴナクハ　ゴーハロ

$58 \times 12 = 696$ ゴハイニ　ロクロ

$58 \times 13 = 754$ ゴハイサ　ナゴヨ

$58 \times 14 = 812$ ゴハイヨ　ハイニ

$58 \times 15 = 870$ ゴハイゴ　ハナレ

$58 \times 16 = 928$ ゴハイロ　クニハ

$58 \times 17 = 986$ ゴハイナ　クハロ

$58 \times 18 = 1044$ ゴハイハ　イレヨー

$58 \times 22 = 1276$ ゴハニー　イニナロ

$58 \times 23 = 1334$ ゴハニサ　イササヨ

$58 \times 24 = 1392$ ゴハニヨ　イサクニ

$58 \times 25 = 1450$ ゴハニゴ　イヨゴレ

$58 \times 26 = 1508$ ゴハニロ　イゴレハ

$58 \times 27 = 1566$ ゴハニナ　イゴロー

$58 \times 28 = 1624$ ゴハニハ　イロニヨ

$58 \times 32 = 1856$ ゴハサニ　イハゴロ

$58 \times 33 = 1914$ ゴハサー　イクイヨ

$58 \times 34 = 1972$ ゴハサヨ　イクナニ

$58 \times 35 = 2030$ ゴハサゴ　ニレサレ

$58 \times 36 = 2088$ ゴハサロ　ニレハー

$58 \times 37 = 2146$ ゴハサナ　ニイヨロ

$58 \times 38 = 2204$ ゴハサハ　ニーレヨ

$58 \times 42 = 2436$ ゴハヨニ　ニヨサロ

$58 \times 43 = 2494$ ゴハヨサ　ニヨクヨ

$58 \times 44 = 2552$ ゴハヨー　ニゴゴニ

$58 \times 45 = 2610$ ゴハヨゴ　ニロイレ

$58 \times 46 = 2668$ ゴハヨロ　ニロロハ

$58 \times 47 = 2726$ ゴハヨナ　ニナニロ

$58 \times 48 = 2784$ ゴハヨハ　ニナハヨ

$58 \times 52 = 3016$ ゴハゴニ　サレイロ

$58 \times 53 = 3074$ ゴハゴサ　サレナヨ

$58 \times 54 = 3132$ ゴハゴヨ　サイサニ

$58 \times 55 = 3190$ ゴハゴー　サイクレ

$58 \times 56 = 3248$ ゴハゴロ　サニヨハ

$58 \times 57 = 3306$ ゴハゴナ　サーレロ

$58 \times 58 = 3364$ ゴハゴハ　サーロヨ

$58 \times 62 = 3596$ ゴハロニ　サゴクロ

$58 \times 63 = 3654$ ゴハロサ　サロゴヨ

$58 \times 64 = 3712$ ゴハロヨ　サナイニ

$58 \times 65 = 3770$ ゴハロゴ　サナナレ

$58 \times 66 = 3828$ ゴハロー　サハニハ

$58 \times 67 = 3886$ ゴハロナ　サハハロ

$58 \times 68 = 3944$ ゴハロハ　サクヨー

$58 \times 72 = 4176$ ゴハナニ　ヨイナロ

$58 \times 73 = 4234$ ゴハナサ　ヨニサヨ

$58 \times 74 = 4292$ ゴハナヨ　ヨニクニ

$58 \times 75 = 4350$ ゴハナゴ　ヨサゴレ

$58 \times 76 = 4408$ ゴハナロ　ヨーレハ

$58 \times 77 = 4466$ ゴハナー　ヨーロー

$58 \times 78 = 4524$ ゴハナハ　ヨゴニヨ

$58 \times 82 = 4756$ ゴハハニ　ヨナゴロ

58

58 × 83 = 4814	ゴハハサ　ヨハイヨ	58 × 93 = 5394	ゴハクサ　ゴサクヨ
58 × 84 = 4872	ゴハハヨ　ヨハナニ	58 × 94 = 5452	ゴハクヨ　ゴヨゴニ
58 × 85 = 4930	ゴハハゴ　ヨクサレ	58 × 95 = 5510	ゴハクゴ　ゴーイレ
58 × 86 = 4988	ゴハハロ　ヨクハー	58 × 96 = 5568	ゴハクロ　ゴーロハ
58 × 87 = 5046	ゴハハナ　ゴレヨロ	58 × 97 = 5626	ゴハクナ　ゴロニロ
58 × 88 = 5104	ゴハハー　ゴイレヨ	58 × 98 = 5684	ゴハクハ　ゴロハヨ
58 × 92 = 5336	ゴハクニ　ゴササロ		

59 × 12 = 708 ゴクイニ　ナレハ
59 × 13 = 767 ゴクイサ　ナロナ
59 × 14 = 826 ゴクイヨ　ハニロ
59 × 15 = 885 ゴクイゴ　ハハゴ
59 × 16 = 944 ゴクイロ　クヨー
59 × 17 = 1003 ゴクイナ　イレレサ
59 × 18 = 1062 ゴクイハ　イレロニ
59 × 22 = 1298 ゴクニー　イニクハ
59 × 23 = 1357 ゴクニサ　イサゴナ
59 × 24 = 1416 ゴクニヨ　イヨイロ
59 × 25 = 1475 ゴクニゴ　イヨナゴ
59 × 26 = 1534 ゴクニロ　イゴサヨ
59 × 27 = 1593 ゴクニナ　イゴクサ
59 × 28 = 1652 ゴクニハ　イロゴニ
59 × 32 = 1888 ゴクサニ　イハハー
59 × 33 = 1947 ゴクサー　イクヨナ
59 × 34 = 2006 ゴクサヨ　ニレレロ
59 × 35 = 2065 ゴクサゴ　ニレロゴ
59 × 36 = 2124 ゴクサロ　ニイニヨ
59 × 37 = 2183 ゴクサナ　ニイハサ
59 × 38 = 2242 ゴクサハ　ニーヨニ
59 × 42 = 2478 ゴクヨニ　ニヨナハ
59 × 43 = 2537 ゴクヨサ　ニゴサナ
59 × 44 = 2596 ゴクヨー　ニゴクロ
59 × 45 = 2655 ゴクヨゴ　ニロゴー
59 × 46 = 2714 ゴクヨロ　ニナイヨ
59 × 47 = 2773 ゴクヨナ　ニナナサ
59 × 48 = 2832 ゴクヨハ　ニハサニ
59 × 52 = 3068 ゴクゴニ　サレロハ
59 × 53 = 3127 ゴクゴサ　サイニナ
59 × 54 = 3186 ゴクゴヨ　サイハロ
59 × 55 = 3245 ゴクゴー　サニヨゴ
59 × 56 = 3304 ゴクゴロ　サーレヨ
59 × 57 = 3363 ゴクゴナ　サーロサ
59 × 58 = 3422 ゴクゴハ　サヨニー
59 × 62 = 3658 ゴクロニ　サロゴハ
59 × 63 = 3717 ゴクロサ　サナイナ
59 × 64 = 3776 ゴクロヨ　サナナロ
59 × 65 = 3835 ゴクロゴ　サハサゴ
59 × 66 = 3894 ゴクロー　サハクヨ
59 × 67 = 3953 ゴクロナ　サクゴサ
59 × 68 = 4012 ゴクロハ　ヨレイニ
59 × 72 = 4248 ゴクナニ　ヨニヨハ
59 × 73 = 4307 ゴクナサ　ヨサレナ
59 × 74 = 4366 ゴクナヨ　ヨサロー
59 × 75 = 4425 ゴクナゴ　ヨーニゴ
59 × 76 = 4484 ゴクナロ　ヨーハヨ
59 × 77 = 4543 ゴクナー　ヨゴヨサ
59 × 78 = 4602 ゴクナハ　ヨロレニ
59 × 82 = 4838 ゴクハニ　ヨハサハ

59

59 × 83 =	4897	ゴクハサ　ヨハクナ	59 × 93 =	5487	ゴククサ　ゴヨハナ
59 × 84 =	4956	ゴクハヨ　ヨクゴロ	59 × 94 =	5546	ゴククヨ　ゴーヨロ
59 × 85 =	5015	ゴクハゴ　ゴレイゴ	59 × 95 =	5605	ゴククゴ　ゴロレゴ
59 × 86 =	5074	ゴクハロ　ゴレナヨ	59 × 96 =	5664	ゴククロ　ゴロロヨ
59 × 87 =	5133	ゴクハナ　ゴイサー	59 × 97 =	5723	ゴククナ　ゴナニサ
59 × 88 =	5192	ゴクハー　ゴイクニ	59 × 98 =	5782	ゴククハ　ゴナハニ
59 × 92 =	5428	ゴククニ　ゴヨニハ			

●●トピック●●

高い山ランキング

（？のところは調べてみましょう）

日　本

1位　　？
2位　北　岳　　3193m
3位　　？
4位　槍ヶ岳　　3180m
5位　東岳（悪沢岳）　3141m

「日本の主な山岳標高」（国土地理院）
https://www.gsi.go.jp/kihonjohochousa/kihonjohochousa41139.html をもとに作成

60 × 12 = 720	ロレイニ　ナニレ	60 × 46 = 2760	ロレヨロ　ニナロレ
60 × 13 = 780	ロレイサ　ナハレ	60 × 47 = 2820	ロレヨナ　ニハニレ
60 × 14 = 840	ロレイヨ　ハヨレ	60 × 48 = 2880	ロレヨハ　ニハハレ
60 × 15 = 900	ロレイゴ　クレー	60 × 52 = 3120	ロレゴニ　サイニレ
60 × 16 = 960	ロレイロ　クロレ	60 × 53 = 3180	ロレゴサ　サイハレ
60 × 17 = 1020	ロレイナ　イレニレ	60 × 54 = 3240	ロレゴヨ　サニヨレ
60 × 18 = 1080	ロレイハ　イレハレ	60 × 55 = 3300	ロレゴー　サーレー
60 × 22 = 1320	ロレニー　イサニレ	60 × 56 = 3360	ロレゴロ　サーロレ
60 × 23 = 1380	ロレニサ　イサハレ	60 × 57 = 3420	ロレゴナ　サヨニレ
60 × 24 = 1440	ロレニヨ　イヨヨレ	60 × 58 = 3480	ロレゴハ　サヨハレ
60 × 25 = 1500	ロレニゴ　イゴレー	60 × 62 = 3720	ロレロニ　サナニレ
60 × 26 = 1560	ロレニロ　イゴロレ	60 × 63 = 3780	ロレロサ　サナハレ
60 × 27 = 1620	ロレニナ　イロニレ	60 × 64 = 3840	ロレロヨ　サハヨレ
60 × 28 = 1680	ロレニハ　イロハレ	60 × 65 = 3900	ロレロゴ　サクレー
60 × 32 = 1920	ロレサニ　イクニレ	60 × 66 = 3960	ロレロー　サクロレ
60 × 33 = 1980	ロレサー　イクハレ	60 × 67 = 4020	ロレロナ　ヨレニレ
60 × 34 = 2040	ロレサヨ　ニレヨレ	60 × 68 = 4080	ロレロハ　ヨレハレ
60 × 35 = 2100	ロレサゴ　ニイレー	60 × 72 = 4320	ロレナニ　ヨサニレ
60 × 36 = 2160	ロレサロ　ニイロレ	60 × 73 = 4380	ロレナサ　ヨサハレ
60 × 37 = 2220	ロレサナ　ニーニレ	60 × 74 = 4440	ロレナヨ　ヨーヨレ
60 × 38 = 2280	ロレサハ　ニーハレ	60 × 75 = 4500	ロレナゴ　ヨゴレー
60 × 42 = 2520	ロレヨニ　ニゴニレ	60 × 76 = 4560	ロレナロ　ヨゴロレ
60 × 43 = 2580	ロレヨサ　ニゴハレ	60 × 77 = 4620	ロレナー　ヨロニレ
60 × 44 = 2640	ロレヨー　ニロヨレ	60 × 78 = 4680	ロレナハ　ヨロハレ
60 × 45 = 2700	ロレヨゴ　ニナレー	60 × 82 = 4920	ロレハニ　ヨクニレ

60

60 × 83 = 4980　ロレハサ　ヨクハレ

60 × 84 = 5040　ロレハヨ　ゴレヨレ

60 × 85 = 5100　ロレハゴ　ゴイレー

60 × 86 = 5160　ロレハロ　ゴイロレ

60 × 87 = 5220　ロレハナ　ゴニニレ

60 × 88 = 5280　ロレハー　ゴニハレ

60 × 92 = 5520　ロレクニ　ゴーニレ

60 × 93 = 5580　ロレクサ　ゴーハレ

60 × 94 = 5640　ロレクヨ　ゴロヨレ

60 × 95 = 5700　ロレクゴ　ゴナレー

60 × 96 = 5760　ロレクロ　ゴナロレ

60 × 97 = 5820　ロレクナ　ゴハニレ

60 × 98 = 5880　ロレクハ　ゴハハレ

61

61 × 12 = 732　ロイイニ　ナサニ

61 × 13 = 793　ロイイサ　ナクサ

61 × 14 = 854　ロイイヨ　ハゴヨ

61 × 15 = 915　ロイイゴ　クイゴ

61 × 16 = 976　ロイイロ　クナロ

61 × 17 = 1037　ロイイナ　イレサナ

61 × 18 = 1098　ロイイハ　イレクハ

61 × 22 = 1342　ロイニー　イサヨニ

61 × 23 = 1403　ロイニサ　イヨレサ

61 × 24 = 1464　ロイニヨ　イヨロヨ

61 × 25 = 1525　ロイニゴ　イゴニゴ

61 × 26 = 1586　ロイニロ　イゴハロ

61 × 27 = 1647　ロイニナ　イロヨナ

61 × 28 = 1708　ロイニハ　イナレハ

61 × 32 = 1952　ロイサニ　イクゴニ

61 × 33 = 2013　ロイサー　ニレイサ

61 × 34 = 2074　ロイサヨ　ニレナヨ

61 × 35 = 2135　ロイサゴ　ニイサゴ

61 × 36 = 2196　ロイサロ　ニイクロ

61 × 37 = 2257　ロイサナ　ニーゴナ

61 × 38 = 2318　ロイサハ　ニサイハ

61 × 42 = 2562　ロイヨニ　ニゴロニ

61 × 43 = 2623　ロイヨサ　ニロニサ

61 × 44 = 2684　ロイヨー　ニロハヨ

61 × 45 = 2745　ロイヨゴ　ニナヨゴ

61 × 46 = 2806　ロイヨロ　ニハレロ

61 × 47 = 2867　ロイヨナ　ニハロナ
61 × 48 = 2928　ロイヨハ　ニクニハ
61 × 52 = 3172　ロイゴニ　サイナニ
61 × 53 = 3233　ロイゴサ　サニサー
61 × 54 = 3294　ロイゴヨ　サニクヨ
61 × 55 = 3355　ロイゴー　サーゴー
61 × 56 = 3416　ロイゴロ　サヨイロ
61 × 57 = 3477　ロイゴナ　サヨナー
61 × 58 = 3538　ロイゴハ　サゴサハ
61 × 62 = 3782　ロイロニ　サナハニ
61 × 63 = 3843　ロイロサ　サハヨサ
61 × 64 = 3904　ロイロヨ　サクレヨ
61 × 65 = 3965　ロイロゴ　サクロゴ
61 × 66 = 4026　ロイロー　ヨレニロ
61 × 67 = 4087　ロイロナ　ヨレハナ
61 × 68 = 4148　ロイロハ　ヨイヨハ
61 × 72 = 4392　ロイナニ　ヨサクニ
61 × 73 = 4453　ロイナサ　ヨーゴサ
61 × 74 = 4514　ロイナヨ　ヨゴイヨ
61 × 75 = 4575　ロイナゴ　ヨゴナゴ
61 × 76 = 4636　ロイナロ　ヨロサロ
61 × 77 = 4697　ロイナー　ヨロクナ
61 × 78 = 4758　ロイナハ　ヨナゴハ
61 × 82 = 5002　ロイハニ　ゴレレニ
61 × 83 = 5063　ロイハサ　ゴレロサ
61 × 84 = 5124　ロイハヨ　ゴイニヨ
61 × 85 = 5185　ロイハゴ　ゴイハゴ
61 × 86 = 5246　ロイハロ　ゴニヨロ
61 × 87 = 5307　ロイハナ　ゴサレナ
61 × 88 = 5368　ロイハー　ゴサロハ
61 × 92 = 5612　ロイクニ　ゴロイニ
61 × 93 = 5673　ロイクサ　ゴロナサ
61 × 94 = 5734　ロイクヨ　ゴナサヨ
61 × 95 = 5795　ロイクゴ　ゴナクゴ
61 × 96 = 5856　ロイクロ　ゴハゴロ
61 × 97 = 5917　ロイクナ　ゴクイナ
61 × 98 = 5978　ロイクハ　ゴクナハ

62

62 × 12 =	744	ロニイニ　ナヨー
62 × 13 =	806	ロニイサ　ハレロ
62 × 14 =	868	ロニイヨ　ハロハ
62 × 15 =	930	ロニイゴ　クサレ
62 × 16 =	992	ロニイロ　ククニ
62 × 17 =	1054	ロニイナ　イレゴヨ
62 × 18 =	1116	ロニイハ　イーイロ
62 × 22 =	1364	ロニニー　イサロヨ
62 × 23 =	1426	ロニニサ　イヨニロ
62 × 24 =	1488	ロニニヨ　イヨハー
62 × 25 =	1550	ロニニゴ　イゴゴレ
62 × 26 =	1612	ロニニロ　イロイニ
62 × 27 =	1674	ロニニナ　イロナヨ
62 × 28 =	1736	ロニニハ　イナサロ
62 × 32 =	1984	ロニサニ　イクハヨ
62 × 33 =	2046	ロニサー　ニレヨロ
62 × 34 =	2108	ロニサヨ　ニイレハ
62 × 35 =	2170	ロニサゴ　ニイナレ
62 × 36 =	2232	ロニサロ　ニーサニ
62 × 37 =	2294	ロニサナ　ニークヨ
62 × 38 =	2356	ロニサハ　ニサゴロ
62 × 42 =	2604	ロニヨニ　ニロレヨ
62 × 43 =	2666	ロニヨサ　ニロロー
62 × 44 =	2728	ロニヨー　ニナニハ
62 × 45 =	2790	ロニヨゴ　ニナクレ
62 × 46 =	2852	ロニヨロ　ニハゴニ
62 × 47 =	2914	ロニヨナ　ニクイヨ
62 × 48 =	2976	ロニヨハ　ニクナロ
62 × 52 =	3224	ロニゴニ　サニニヨ
62 × 53 =	3286	ロニゴサ　サニハロ
62 × 54 =	3348	ロニゴヨ　サーヨハ
62 × 55 =	3410	ロニゴー　サヨイレ
62 × 56 =	3472	ロニゴロ　サヨナニ
62 × 57 =	3534	ロニゴナ　サゴサヨ
62 × 58 =	3596	ロニゴハ　サゴクロ
62 × 62 =	3844	ロニロニ　サハヨー
62 × 63 =	3906	ロニロサ　サクレロ
62 × 64 =	3968	ロニロヨ　サクロハ
62 × 65 =	4030	ロニロゴ　ヨレサレ
62 × 66 =	4092	ロニロー　ヨレクニ
62 × 67 =	4154	ロニロナ　ヨイゴヨ
62 × 68 =	4216	ロニロハ　ヨニイロ
62 × 72 =	4464	ロニナニ　ヨーロヨ
62 × 73 =	4526	ロニナサ　ヨゴニロ
62 × 74 =	4588	ロニナヨ　ヨゴハー
62 × 75 =	4650	ロニナゴ　ヨロゴレ
62 × 76 =	4712	ロニナロ　ヨナイニ
62 × 77 =	4774	ロニナー　ヨナナヨ
62 × 78 =	4836	ロニナハ　ヨハサロ
62 × 82 =	5084	ロニハニ　ゴレハヨ

62 × 83 = 5146	ロニハサ　ゴイヨロ
62 × 84 = 5208	ロニハヨ　ゴニレハ
62 × 85 = 5270	ロニハゴ　ゴニナレ
62 × 86 = 5332	ロニハロ　ゴササニ
62 × 87 = 5394	ロニハナ　ゴサクヨ
62 × 88 = 5456	ロニハー　ゴヨゴロ
62 × 92 = 5704	ロニクニ　ゴナレヨ
62 × 93 = 5766	ロニクサ　ゴナロー
62 × 94 = 5828	ロニクヨ　ゴハニハ
62 × 95 = 5890	ロニクゴ　ゴハクレ
62 × 96 = 5952	ロニクロ　ゴクゴニ
62 × 97 = 6014	ロニクナ　ロレイヨ
62 × 98 = 6076	ロニクハ　ロレナロ

63

63 × 12 =	756	ロサイニ　ナゴロ
63 × 13 =	819	ロサイサ　ハイク
63 × 14 =	882	ロサイヨ　ハハニ
63 × 15 =	945	ロサイゴ　クヨゴ
63 × 16 =	1008	ロサイロ　イレレハ
63 × 17 =	1071	ロサイナ　イレナイ
63 × 18 =	1134	ロサイハ　イーサヨ
63 × 22 =	1386	ロサニー　イサハロ
63 × 23 =	1449	ロサニサ　イヨヨク
63 × 24 =	1512	ロサニヨ　イゴイニ
63 × 25 =	1575	ロサニゴ　イゴナゴ
63 × 26 =	1638	ロサニロ　イロサハ
63 × 27 =	1701	ロサニナ　イナレイ
63 × 28 =	1764	ロサニハ　イナロヨ
63 × 32 =	2016	ロササニ　ニレイロ
63 × 33 =	2079	ロササー　ニレナク
63 × 34 =	2142	ロササヨ　ニイヨニ
63 × 35 =	2205	ロササゴ　ニーレゴ
63 × 36 =	2268	ロササロ　ニーロハ
63 × 37 =	2331	ロササナ　ニササイ
63 × 38 =	2394	ロササハ　ニサクヨ
63 × 42 =	2646	ロサヨニ　ニロヨロ
63 × 43 =	2709	ロサヨサ　ニナレク
63 × 44 =	2772	ロサヨー　ニナナニ
63 × 45 =	2835	ロサヨゴ　ニハサゴ
63 × 46 =	2898	ロサヨロ　ニハクハ
63 × 47 =	2961	ロサヨナ　ニクロイ
63 × 48 =	3024	ロサヨハ　サレニヨ
63 × 52 =	3276	ロサゴニ　サニナロ
63 × 53 =	3339	ロサゴサ　サーサク
63 × 54 =	3402	ロサゴヨ　サヨレニ
63 × 55 =	3465	ロサゴー　サヨロゴ
63 × 56 =	3528	ロサゴロ　サゴニハ
63 × 57 =	3591	ロサゴナ　サゴクイ
63 × 58 =	3654	ロサゴハ　サロゴヨ
63 × 62 =	3906	ロサロニ　サクレロ
63 × 63 =	3969	ロサロサ　サクロク
63 × 64 =	4032	ロサロヨ　ヨレサニ
63 × 65 =	4095	ロサロゴ　ヨレクゴ
63 × 66 =	4158	ロサロー　ヨイゴハ
63 × 67 =	4221	ロサロナ　ヨニニイ
63 × 68 =	4284	ロサロハ　ヨニハヨ
63 × 72 =	4536	ロサナニ　ヨゴサロ
63 × 73 =	4599	ロサナサ　ヨゴクー
63 × 74 =	4662	ロサナヨ　ヨロロニ
63 × 75 =	4725	ロサナゴ　ヨナニゴ
63 × 76 =	4788	ロサナロ　ヨナハー
63 × 77 =	4851	ロサナー　ヨハゴイ
63 × 78 =	4914	ロサナハ　ヨクイヨ
63 × 82 =	5166	ロサハニ　ゴイロー

63 × 83 = 5229 ロサハサ　ゴニニク	63 × 93 = 5859 ロサクサ　ゴハゴク
63 × 84 = 5292 ロサハヨ　ゴニクニ	63 × 94 = 5922 ロサクヨ　ゴクニー
63 × 85 = 5355 ロサハゴ　ゴサゴー	63 × 95 = 5985 ロサクゴ　ゴクハゴ
63 × 86 = 5418 ロサハロ　ゴヨイハ	63 × 96 = 6048 ロサクロ　ロレヨハ
63 × 87 = 5481 ロサハナ　ゴヨハイ	63 × 97 = 6111 ロサクナ　ロイイー
63 × 88 = 5544 ロサハー　ゴーヨー	63 × 98 = 6174 ロサクハ　ロイナヨ
63 × 92 = 5796 ロサクニ　ゴナクロ	

トピック

高い山ランキング

（？のところは調べてみましょう）

世　界

【　　】は別名

1位	エベレスト【チョモランマ】	8848m
2位	ゴドウィンオースチン【K2】	8611m
3位	？	
4位	ローツェ	8516m
5位	マカルウ	8463m

「世界いろいろ雑学ランキング」（外務省）
https://www.mofa.go.jp/mofaj/kids/ranking/mountain.html を加工して作成

64

64 × 12 = 768　ロヨイニ　ナロハ

64 × 13 = 832　ロヨイサ　ハサニ

64 × 14 = 896　ロヨイヨ　ハクロ

64 × 15 = 960　ロヨイゴ　クロレ

64 × 16 = 1024　ロヨイロ　イレニヨ

64 × 17 = 1088　ロヨイナ　イレハー

64 × 18 = 1152　ロヨイハ　イーゴニ

64 × 22 = 1408　ロヨニー　イヨレハ

64 × 23 = 1472　ロヨニサ　イヨナニ

64 × 24 = 1536　ロヨニヨ　イゴサロ

64 × 25 = 1600　ロヨニゴ　イロレー

64 × 26 = 1664　ロヨニロ　イロロヨ

64 × 27 = 1728　ロヨニナ　イナニハ

64 × 28 = 1792　ロヨニハ　イナクニ

64 × 32 = 2048　ロヨサニ　ニレヨハ

64 × 33 = 2112　ロヨサー　ニイイニ

64 × 34 = 2176　ロヨサヨ　ニイナロ

64 × 35 = 2240　ロヨサゴ　ニーヨレ

64 × 36 = 2304　ロヨサロ　ニサレヨ

64 × 37 = 2368　ロヨサナ　ニサロハ

64 × 38 = 2432　ロヨサハ　ニヨサニ

64 × 42 = 2688　ロヨヨニ　ニロハー

64 × 43 = 2752　ロヨヨサ　ニナゴニ

64 × 44 = 2816　ロヨヨー　ニハイロ

64 × 45 = 2880　ロヨヨゴ　ニハハレ

64 × 46 = 2944　ロヨヨロ　ニクヨー

64 × 47 = 3008　ロヨヨナ　サレレハ

64 × 48 = 3072　ロヨヨハ　サレナニ

64 × 52 = 3328　ロヨゴニ　サーニハ

64 × 53 = 3392　ロヨゴサ　サークニ

64 × 54 = 3456　ロヨゴヨ　サヨゴロ

64 × 55 = 3520　ロヨゴー　サゴニレ

64 × 56 = 3584　ロヨゴロ　サゴハヨ

64 × 57 = 3648　ロヨゴナ　サロヨハ

64 × 58 = 3712　ロヨゴハ　サナイニ

64 × 62 = 3968　ロヨロニ　サクロハ

64 × 63 = 4032　ロヨロサ　ヨレサニ

64 × 64 = 4096　ロヨロヨ　ヨレクロ

64 × 65 = 4160　ロヨロゴ　ヨイロレ

64 × 66 = 4224　ロヨロー　ヨニニヨ

64 × 67 = 4288　ロヨロナ　ヨニハー

64 × 68 = 4352　ロヨロハ　ヨサゴニ

64 × 72 = 4608　ロヨナニ　ヨロレハ

64 × 73 = 4672　ロヨナサ　ヨロナニ

64 × 74 = 4736　ロヨナヨ　ヨナサロ

64 × 75 = 4800　ロヨナゴ　ヨハレー

64 × 76 = 4864　ロヨナロ　ヨハロヨ

64 × 77 = 4928　ロヨナー　ヨクニハ

64 × 78 = 4992　ロヨナハ　ヨククニ

64 × 82 = 5248　ロヨハニ　ゴニヨハ

64

64 × 83 =	5312	ロヨハサ　ゴサイニ
64 × 84 =	5376	ロヨハヨ　ゴサナロ
64 × 85 =	5440	ロヨハゴ　ゴヨヨレ
64 × 86 =	5504	ロヨハロ　ゴーレヨ
64 × 87 =	5568	ロヨハナ　ゴーロハ
64 × 88 =	5632	ロヨハー　ゴロサニ
64 × 92 =	5888	ロヨクニ　ゴハハー
64 × 93 =	5952	ロヨクサ　ゴクゴニ
64 × 94 =	6016	ロヨクヨ　ロレイロ
64 × 95 =	6080	ロヨクゴ　ロレハレ
64 × 96 =	6144	ロヨクロ　ロイヨー
64 × 97 =	6208	ロヨクナ　ロニレハ
64 × 98 =	6272	ロヨクハ　ロニナニ

65

65 × 12 =	780	ロゴイニ　ナハレ
65 × 13 =	845	ロゴイサ　ハヨゴ
65 × 14 =	910	ロゴイヨ　クイレ
65 × 15 =	975	ロゴイゴ　クナゴ
65 × 16 =	1040	ロゴイロ　イレヨレ
65 × 17 =	1105	ロゴイナ　イーレゴ
65 × 18 =	1170	ロゴイハ　イーナレ
65 × 22 =	1430	ロゴニー　イヨサレ
65 × 23 =	1495	ロゴニサ　イヨクゴ
65 × 24 =	1560	ロゴニヨ　イゴロレ
65 × 25 =	1625	ロゴニゴ　イロニゴ
65 × 26 =	1690	ロゴニロ　イロクレ
65 × 27 =	1755	ロゴニナ　イナゴー
65 × 28 =	1820	ロゴニハ　イハニレ
65 × 32 =	2080	ロゴサニ　ニレハレ
65 × 33 =	2145	ロゴサー　ニイヨゴ
65 × 34 =	2210	ロゴサヨ　ニーイレ
65 × 35 =	2275	ロゴサゴ　ニーナゴ
65 × 36 =	2340	ロゴサロ　ニサヨレ
65 × 37 =	2405	ロゴサナ　ニヨレゴ
65 × 38 =	2470	ロゴサハ　ニヨナレ
65 × 42 =	2730	ロゴヨニ　ニナサレ
65 × 43 =	2795	ロゴヨサ　ニナクゴ
65 × 44 =	2860	ロゴヨー　ニハロレ
65 × 45 =	2925	ロゴヨゴ　ニクニゴ
65 × 46 =	2990	ロゴヨロ　ニククレ

65

65 × 47 = 3055 ロゴヨナ　サレゴー

65 × 48 = 3120 ロゴヨハ　サイニレ

65 × 52 = 3380 ロゴゴニ　サーハレ

65 × 53 = 3445 ロゴゴサ　サヨヨゴ

65 × 54 = 3510 ロゴゴヨ　サゴイレ

65 × 55 = 3575 ロゴゴー　サゴナゴ

65 × 56 = 3640 ロゴゴロ　サロヨレ

65 × 57 = 3705 ロゴゴナ　サナレゴ

65 × 58 = 3770 ロゴゴハ　サナナレ

65 × 62 = 4030 ロゴロニ　ヨレサレ

65 × 63 = 4095 ロゴロサ　ヨレクゴ

65 × 64 = 4160 ロゴロヨ　ヨイロレ

65 × 65 = 4225 ロゴロゴ　ヨニニゴ

65 × 66 = 4290 ロゴロー　ヨニクレ

65 × 67 = 4355 ロゴロナ　ヨサゴー

65 × 68 = 4420 ロゴロハ　ヨーニレ

65 × 72 = 4680 ロゴナニ　ヨロハレ

65 × 73 = 4745 ロゴナサ　ヨナヨゴ

65 × 74 = 4810 ロゴナヨ　ヨハイレ

65 × 75 = 4875 ロゴナゴ　ヨハナゴ

65 × 76 = 4940 ロゴナロ　ヨクヨレ

65 × 77 = 5005 ロゴナー　ゴレレゴ

65 × 78 = 5070 ロゴナハ　ゴレナレ

65 × 82 = 5330 ロゴハニ　ゴササレ

65 × 83 = 5395 ロゴハサ　ゴサクゴ

65 × 84 = 5460 ロゴハヨ　ゴヨロレ

65 × 85 = 5525 ロゴハゴ　ゴーニゴ

65 × 86 = 5590 ロゴハロ　ゴークレ

65 × 87 = 5655 ロゴハナ　ゴロゴー

65 × 88 = 5720 ロゴハー　ゴナニレ

65 × 92 = 5980 ロゴクニ　ゴクハレ

65 × 93 = 6045 ロゴクサ　ロレヨゴ

65 × 94 = 6110 ロゴクヨ　ロイイレ

65 × 95 = 6175 ロゴクゴ　ロイナゴ

65 × 96 = 6240 ロゴクロ　ロニヨレ

65 × 97 = 6305 ロゴクナ　ロサレゴ

65 × 98 = 6370 ロゴクハ　ロサナレ

66 × 12 = 792	ローイニ　ナクニ
66 × 13 = 858	ローイサ　ハゴハ
66 × 14 = 924	ローイヨ　クニヨ
66 × 15 = 990	ローイゴ　ククレ
66 × 16 = 1056	ローイロ　イレゴロ
66 × 17 = 1122	ローイナ　イーニー
66 × 18 = 1188	ローイハ　イーハー
66 × 22 = 1452	ローニー　イヨゴニ
66 × 23 = 1518	ローニサ　イゴイハ
66 × 24 = 1584	ローニヨ　イゴハヨ
66 × 25 = 1650	ローニゴ　イロゴレ
66 × 26 = 1716	ローニロ　イナイロ
66 × 27 = 1782	ローニナ　イナハニ
66 × 28 = 1848	ローニハ　イハヨハ
66 × 32 = 2112	ローサニ　ニイイニ
66 × 33 = 2178	ローサー　ニイナハ
66 × 34 = 2244	ローサヨ　ニーヨー
66 × 35 = 2310	ローサゴ　ニサイレ
66 × 36 = 2376	ローサロ　ニサナロ
66 × 37 = 2442	ローサナ　ニヨヨニ
66 × 38 = 2508	ローサハ　ニゴレハ
66 × 42 = 2772	ローヨニ　ニナナニ
66 × 43 = 2838	ローヨサ　ニハサハ
66 × 44 = 2904	ローヨー　ニクレヨ
66 × 45 = 2970	ローヨゴ　ニクナレ
66 × 46 = 3036	ローヨロ　サレサロ
66 × 47 = 3102	ローヨナ　サイレニ
66 × 48 = 3168	ローヨハ　サイロハ
66 × 52 = 3432	ローゴニ　サヨサニ
66 × 53 = 3498	ローゴサ　サヨクハ
66 × 54 = 3564	ローゴヨ　サゴロヨ
66 × 55 = 3630	ローゴー　サロサレ
66 × 56 = 3696	ローゴロ　サロクロ
66 × 57 = 3762	ローゴナ　サナロニ
66 × 58 = 3828	ローゴハ　サハニハ
66 × 62 = 4092	ローロニ　ヨレクニ
66 × 63 = 4158	ローロサ　ヨイゴハ
66 × 64 = 4224	ローロヨ　ヨニニヨ
66 × 65 = 4290	ローロゴ　ヨニクレ
66 × 66 = 4356	ローロー　ヨサゴロ
66 × 67 = 4422	ローロナ　ヨーニー
66 × 68 = 4488	ローロハ　ヨーハー
66 × 72 = 4752	ローナニ　ヨナゴニ
66 × 73 = 4818	ローナサ　ヨハイハ
66 × 74 = 4884	ローナヨ　ヨハハヨ
66 × 75 = 4950	ローナゴ　ヨクゴレ
66 × 76 = 5016	ローナロ　ゴレイロ
66 × 77 = 5082	ローナー　ゴレハニ
66 × 78 = 5148	ローナハ　ゴイヨハ
66 × 82 = 5412	ローハニ　ゴヨイニ

66

66 × 83 = 5478	ローハサ　ゴヨナハ	66 × 93 = 6138	ロークサ　ロイサハ
66 × 84 = 5544	ローハヨ　ゴーヨー	66 × 94 = 6204	ロークヨ　ロニレヨ
66 × 85 = 5610	ローハゴ　ゴロイレ	66 × 95 = 6270	ロークゴ　ロニナレ
66 × 86 = 5676	ローハロ　ゴロナロ	66 × 96 = 6336	ロークロ　ロササロ
66 × 87 = 5742	ローハナ　ゴナヨニ	66 × 97 = 6402	ロークナ　ロヨレニ
66 × 88 = 5808	ローハー　ゴハレハ	66 × 98 = 6468	ロークハ　ロヨロハ
66 × 92 = 6072	ロークニ　ロレナニ		

67 × 12 = 804　ロナイニ　ハレヨ

67 × 13 = 871　ロナイサ　ハナイ

67 × 14 = 938　ロナイヨ　クサハ

67 × 15 = 1005　ロナイゴ　イレレゴ

67 × 16 = 1072　ロナイロ　イレナニ

67 × 17 = 1139　ロナイナ　イーサク

67 × 18 = 1206　ロナイハ　イニレロ

67 × 22 = 1474　ロナニー　イヨナヨ

67 × 23 = 1541　ロナニサ　イゴヨイ

67 × 24 = 1608　ロナニヨ　イロレハ

67 × 25 = 1675　ロナニゴ　イロナゴ

67 × 26 = 1742　ロナニロ　イナヨニ

67 × 27 = 1809　ロナニナ　イハレク

67 × 28 = 1876　ロナニハ　イハナロ

67 × 32 = 2144　ロナサニ　ニイヨー

67 × 33 = 2211　ロナサー　ニーイー

67 × 34 = 2278　ロナサヨ　ニーナハ

67 × 35 = 2345　ロナサゴ　ニサヨゴ

67 × 36 = 2412　ロナサロ　ニヨイニ

67 × 37 = 2479　ロナサナ　ニヨナク

67 × 38 = 2546　ロナサハ　ニゴヨロ

67 × 42 = 2814　ロナヨニ　ニハイヨ

67 × 43 = 2881　ロナヨサ　ニハハイ

67 × 44 = 2948　ロナヨー　ニクヨハ

67 × 45 = 3015　ロナヨゴ　サレイゴ

67 × 46 = 3082　ロナヨロ　サレハニ

67 × 47 = 3149　ロナヨナ　サイヨク

67 × 48 = 3216　ロナヨハ　サニイロ

67 × 52 = 3484　ロナゴニ　サヨハヨ

67 × 53 = 3551　ロナゴサ　サゴゴイ

67 × 54 = 3618　ロナゴヨ　サロイハ

67 × 55 = 3685　ロナゴー　サロハゴ

67 × 56 = 3752　ロナゴロ　サナゴニ

67 × 57 = 3819　ロナゴナ　サハイク

67 × 58 = 3886　ロナゴハ　サハハロ

67 × 62 = 4154　ロナロニ　ヨイゴヨ

67 × 63 = 4221　ロナロサ　ヨニニイ

67 × 64 = 4288　ロナロヨ　ヨニハー

67 × 65 = 4355　ロナロゴ　ヨサゴー

67 × 66 = 4422　ロナロー　ヨーニー

67 × 67 = 4489　ロナロナ　ヨーハク

67 × 68 = 4556　ロナロハ　ヨゴゴロ

67 × 72 = 4824　ロナナニ　ヨハニヨ

67 × 73 = 4891　ロナナサ　ヨハクイ

67 × 74 = 4958　ロナナヨ　ヨクゴハ

67 × 75 = 5025　ロナナゴ　ゴレニゴ

67 × 76 = 5092　ロナナロ　ゴレクニ

67 × 77 = 5159　ロナナー　ゴイゴク

67 × 78 = 5226　ロナナハ　ゴニニロ

67 × 82 = 5494　ロナハニ　ゴヨクヨ

67 × 83 = 5561	ロナハサ　ゴーロイ	67 × 93 = 6231	ロナクサ　ロニサイ
67 × 84 = 5628	ロナハヨ　ゴロニハ	67 × 94 = 6298	ロナクヨ　ロニクハ
67 × 85 = 5695	ロナハゴ　ゴロクゴ	67 × 95 = 6365	ロナクゴ　ロサロゴ
67 × 86 = 5762	ロナハロ　ゴナロニ	67 × 96 = 6432	ロナクロ　ロヨサニ
67 × 87 = 5829	ロナハナ　ゴハニク	67 × 97 = 6499	ロナクナ　ロヨクー
67 × 88 = 5896	ロナハー　ゴハクロ	67 × 98 = 6566	ロナクハ　ロゴロー
67 × 92 = 6164	ロナクニ　ロイロヨ		

トピック

長い河川ランキング

（？のところは調べてみましょう）

日　本

1 位　信濃川　367km
2 位　利根川　322km
3 位　？
4 位　天塩川　256km
5 位　北上川　249km

「川づくりの取り組み 川の長さベスト10」
（北海道開発局札幌開発建設部）
https://www.hkd.mlit.go.jp/sp/kasen_keikaku/kluhh40000001okc.html を 加工して作成

68 × 12 =	816	ロハイニ　ハイロ
68 × 13 =	884	ロハイサ　ハハヨ
68 × 14 =	952	ロハイヨ　クゴニ
68 × 15 =	1020	ロハイゴ　イレニレ
68 × 16 =	1088	ロハイロ　イレハー
68 × 17 =	1156	ロハイナ　イーゴロ
68 × 18 =	1224	ロハイハ　イニニヨ
68 × 22 =	1496	ロハニー　イヨクロ
68 × 23 =	1564	ロハニサ　イゴロヨ
68 × 24 =	1632	ロハニヨ　イロサニ
68 × 25 =	1700	ロハニゴ　イナレー
68 × 26 =	1768	ロハニロ　イナロハ
68 × 27 =	1836	ロハニナ　イハサロ
68 × 28 =	1904	ロハニハ　イクレヨ
68 × 32 =	2176	ロハサニ　ニイナロ
68 × 33 =	2244	ロハサー　ニーヨー
68 × 34 =	2312	ロハサヨ　ニサイニ
68 × 35 =	2380	ロハサゴ　ニサハレ
68 × 36 =	2448	ロハサロ　ニヨヨハ
68 × 37 =	2516	ロハサナ　ニゴイロ
68 × 38 =	2584	ロハサハ　ニゴハヨ
68 × 42 =	2856	ロハヨニ　ニハゴロ
68 × 43 =	2924	ロハヨサ　ニクニヨ
68 × 44 =	2992	ロハヨー　ニククニ
68 × 45 =	3060	ロハヨゴ　サレロレ
68 × 46 =	3128	ロハヨロ　サイニハ
68 × 47 =	3196	ロハヨナ　サイクロ
68 × 48 =	3264	ロハヨハ　サニロヨ
68 × 52 =	3536	ロハゴニ　サゴサロ
68 × 53 =	3604	ロハゴサ　サロレヨ
68 × 54 =	3672	ロハゴヨ　サロナニ
68 × 55 =	3740	ロハゴー　サナヨレ
68 × 56 =	3808	ロハゴロ　サハレハ
68 × 57 =	3876	ロハゴナ　サハナロ
68 × 58 =	3944	ロハゴハ　サクヨー
68 × 62 =	4216	ロハロニ　ヨニイロ
68 × 63 =	4284	ロハロサ　ヨニハヨ
68 × 64 =	4352	ロハロヨ　ヨサゴニ
68 × 65 =	4420	ロハロゴ　ヨーニレ
68 × 66 =	4488	ロハロー　ヨーハー
68 × 67 =	4556	ロハロナ　ヨゴゴロ
68 × 68 =	4624	ロハロハ　ヨロニヨ
68 × 72 =	4896	ロハナニ　ヨハクロ
68 × 73 =	4964	ロハナサ　ヨクロヨ
68 × 74 =	5032	ロハナヨ　ゴレサニ
68 × 75 =	5100	ロハナゴ　ゴイレー
68 × 76 =	5168	ロハナロ　ゴイロハ
68 × 77 =	5236	ロハナー　ゴニサロ
68 × 78 =	5304	ロハナハ　ゴサレヨ
68 × 82 =	5576	ロハハニ　ゴーナロ

68

68 × 83 = 5644	ロハハサ　ゴロヨー
68 × 84 = 5712	ロハハヨ　ゴナイニ
68 × 85 = 5780	ロハハゴ　ゴナハレ
68 × 86 = 5848	ロハハロ　ゴハヨハ
68 × 87 = 5916	ロハハナ　ゴクイロ
68 × 88 = 5984	ロハハー　ゴクハヨ
68 × 92 = 6256	ロハクニ　ロニゴロ
68 × 93 = 6324	ロハクサ　ロサニヨ
68 × 94 = 6392	ロハクヨ　ロサクニ
68 × 95 = 6460	ロハクゴ　ロヨロレ
68 × 96 = 6528	ロハクロ　ロゴニハ
68 × 97 = 6596	ロハクナ　ロゴクロ
68 × 98 = 6664	ロハクハ　ローロヨ

69

69 × 12 = 828	ロクイニ　ハニハ
69 × 13 = 897	ロクイサ　ハクナ
69 × 14 = 966	ロクイヨ　クロー
69 × 15 = 1035	ロクイゴ　イレサゴ
69 × 16 = 1104	ロクイロ　イーレヨ
69 × 17 = 1173	ロクイナ　イーナサ
69 × 18 = 1242	ロクイハ　イニヨニ
69 × 22 = 1518	ロクニー　イゴイハ
69 × 23 = 1587	ロクニサ　イゴハナ
69 × 24 = 1656	ロクニヨ　イロゴロ
69 × 25 = 1725	ロクニゴ　イナニゴ
69 × 26 = 1794	ロクニロ　イナクヨ
69 × 27 = 1863	ロクニナ　イハロサ
69 × 28 = 1932	ロクニハ　イクサニ
69 × 32 = 2208	ロクサニ　ニーレハ
69 × 33 = 2277	ロクサー　ニーナー
69 × 34 = 2346	ロクサヨ　ニサヨロ
69 × 35 = 2415	ロクサゴ　ニヨイゴ
69 × 36 = 2484	ロクサロ　ニヨハヨ
69 × 37 = 2553	ロクサナ　ニゴゴサ
69 × 38 = 2622	ロクサハ　ニロニー
69 × 42 = 2898	ロクヨニ　ニハクハ
69 × 43 = 2967	ロクヨサ　ニクロナ
69 × 44 = 3036	ロクヨー　サレサロ
69 × 45 = 3105	ロクヨゴ　サイレゴ
69 × 46 = 3174	ロクヨロ　サイナヨ

$69 \times 47 = 3243$ ロクヨナ サニヨサ

$69 \times 48 = 3312$ ロクヨハ サーイニ

$69 \times 52 = 3588$ ロクゴニ サゴハー

$69 \times 53 = 3657$ ロクゴサ サロゴナ

$69 \times 54 = 3726$ ロクゴヨ サナニロ

$69 \times 55 = 3795$ ロクゴー サナクゴ

$69 \times 56 = 3864$ ロクゴロ サハロヨ

$69 \times 57 = 3933$ ロクゴナ サクサー

$69 \times 58 = 4002$ ロクゴハ ヨレレニ

$69 \times 62 = 4278$ ロクロニ ヨニナハ

$69 \times 63 = 4347$ ロクロサ ヨサヨナ

$69 \times 64 = 4416$ ロクロヨ ヨーイロ

$69 \times 65 = 4485$ ロクロゴ ヨーハゴ

$69 \times 66 = 4554$ ロクロー ヨゴゴヨ

$69 \times 67 = 4623$ ロクロナ ヨロニサ

$69 \times 68 = 4692$ ロクロハ ヨロクニ

$69 \times 72 = 4968$ ロクナニ ヨクロハ

$69 \times 73 = 5037$ ロクナサ ゴレサナ

$69 \times 74 = 5106$ ロクナヨ ゴイレロ

$69 \times 75 = 5175$ ロクナゴ ゴイナゴ

$69 \times 76 = 5244$ ロクナロ ゴニヨー

$69 \times 77 = 5313$ ロクナー ゴサイサ

$69 \times 78 = 5382$ ロクナハ ゴサハニ

$69 \times 82 = 5658$ ロクハニ ゴロゴハ

$69 \times 83 = 5727$ ロクハサ ゴナニナ

$69 \times 84 = 5796$ ロクハヨ ゴナクロ

$69 \times 85 = 5865$ ロクハゴ ゴハロゴ

$69 \times 86 = 5934$ ロクハロ ゴクサヨ

$69 \times 87 = 6003$ ロクハナ ロレレサ

$69 \times 88 = 6072$ ロクハー ロレナニ

$69 \times 92 = 6348$ ロククニ ロサヨハ

$69 \times 93 = 6417$ ロククサ ロヨイナ

$69 \times 94 = 6486$ ロククヨ ロヨハロ

$69 \times 95 = 6555$ ロククゴ ロゴゴー

$69 \times 96 = 6624$ ロククロ ローニヨ

$69 \times 97 = 6693$ ロククナ ロークサ

$69 \times 98 = 6762$ ロククハ ロナロニ

70

$70 \times 12 = 840$ ナレイニ　ハヨレ

$70 \times 13 = 910$ ナレイサ　クイレ

$70 \times 14 = 980$ ナレイヨ　クハレ

$70 \times 15 = 1050$ ナレイゴ　イレゴレ

$70 \times 16 = 1120$ ナレイロ　イーニレ

$70 \times 17 = 1190$ ナレイナ　イークレ

$70 \times 18 = 1260$ ナレイハ　イニロレ

$70 \times 22 = 1540$ ナレニー　イゴヨレ

$70 \times 23 = 1610$ ナレニサ　イロイレ

$70 \times 24 = 1680$ ナレニヨ　イロハレ

$70 \times 25 = 1750$ ナレニゴ　イナゴレ

$70 \times 26 = 1820$ ナレニロ　イハニレ

$70 \times 27 = 1890$ ナレニナ　イハクレ

$70 \times 28 = 1960$ ナレニハ　イクロレ

$70 \times 32 = 2240$ ナレサニ　ニーヨレ

$70 \times 33 = 2310$ ナレサー　ニサイレ

$70 \times 34 = 2380$ ナレサヨ　ニサハレ

$70 \times 35 = 2450$ ナレサゴ　ニヨゴレ

$70 \times 36 = 2520$ ナレサロ　ニゴニレ

$70 \times 37 = 2590$ ナレサナ　ニゴクレ

$70 \times 38 = 2660$ ナレサハ　ニロロレ

$70 \times 42 = 2940$ ナレヨニ　イクヨレ

$70 \times 43 = 3010$ ナレヨサ　サレイレ

$70 \times 44 = 3080$ ナレヨー　サレハレ

$70 \times 45 = 3150$ ナレヨゴ　サイゴレ

$70 \times 46 = 3220$ ナレヨロ　サニニレ

$70 \times 47 = 3290$ ナレヨナ　サニクレ

$70 \times 48 = 3360$ ナレヨハ　サーロレ

$70 \times 52 = 3640$ ナレゴニ　サロヨレ

$70 \times 53 = 3710$ ナレゴサ　サナイレ

$70 \times 54 = 3780$ ナレゴヨ　サナハレ

$70 \times 55 = 3850$ ナレゴー　サハゴレ

$70 \times 56 = 3920$ ナレゴロ　サクニレ

$70 \times 57 = 3990$ ナレゴナ　サククレ

$70 \times 58 = 4060$ ナレゴハ　ヨレロレ

$70 \times 62 = 4340$ ナレロニ　ヨサヨレ

$70 \times 63 = 4410$ ナレロサ　ヨーイレ

$70 \times 64 = 4480$ ナレロヨ　ヨーハレ

$70 \times 65 = 4550$ ナレロゴ　ヨゴゴレ

$70 \times 66 = 4620$ ナレロー　ヨロニレ

$70 \times 67 = 4690$ ナレロナ　ヨロクレ

$70 \times 68 = 4760$ ナレロハ　ヨナロレ

$70 \times 72 = 5040$ ナレナニ　ゴレヨレ

$70 \times 73 = 5110$ ナレナサ　ゴイイレ

$70 \times 74 = 5180$ ナレナヨ　ゴイハレ

$70 \times 75 = 5250$ ナレナゴ　ゴニゴレ

$70 \times 76 = 5320$ ナレナロ　ゴサニレ

$70 \times 77 = 5390$ ナレナー　ゴサクレ

$70 \times 78 = 5460$ ナレナハ　ゴヨロレ

$70 \times 82 = 5740$ ナレハニ　ゴナヨレ

$70 \times 83 = 5810$ ナレハサ　ゴハイレ	$70 \times 93 = 6510$ ナレクサ　ロゴイレ
$70 \times 84 = 5880$ ナレハヨ　ゴハハレ	$70 \times 94 = 6580$ ナレクヨ　ロゴハレ
$70 \times 85 = 5950$ ナレハゴ　ゴクゴレ	$70 \times 95 = 6650$ ナレクゴ　ローゴレ
$70 \times 86 = 6020$ ナレハロ　ロレニレ	$70 \times 96 = 6720$ ナレクロ　ロナニレ
$70 \times 87 = 6090$ ナレハナ　ロレクレ	$70 \times 97 = 6790$ ナレクナ　ロナクレ
$70 \times 88 = 6160$ ナレハー　ロイロレ	$70 \times 98 = 6860$ ナレクハ　ロハロレ
$70 \times 92 = 6440$ ナレクニ　ロヨヨレ	

71

$71 \times 12 = 852$ ナイイニ　ハゴニ

$71 \times 13 = 923$ ナイイサ　クニサ

$71 \times 14 = 994$ ナイイヨ　ククヨ

$71 \times 15 = 1065$ ナイイゴ　イレロゴ

$71 \times 16 = 1136$ ナイイロ　イーサロ

$71 \times 17 = 1207$ ナイイナ　イニレナ

$71 \times 18 = 1278$ ナイイハ　イニナハ

$71 \times 22 = 1562$ ナイニー　イゴロニ

$71 \times 23 = 1633$ ナイニサ　イロサー

$71 \times 24 = 1704$ ナイニヨ　イナレヨ

$71 \times 25 = 1775$ ナイニゴ　イナナゴ

$71 \times 26 = 1846$ ナイニロ　イハヨロ

$71 \times 27 = 1917$ ナイニナ　イクイナ

$71 \times 28 = 1988$ ナイニハ　イクハー

$71 \times 32 = 2272$ ナイサニ　ニーナニ

$71 \times 33 = 2343$ ナイサー　ニサヨサ

$71 \times 34 = 2414$ ナイサヨ　ニヨイヨ

$71 \times 35 = 2485$ ナイサゴ　ニヨハゴ

$71 \times 36 = 2556$ ナイサロ　ニゴゴロ

$71 \times 37 = 2627$ ナイサナ　ニロニナ

$71 \times 38 = 2698$ ナイサハ　ニロクハ

$71 \times 42 = 2982$ ナイヨニ　ニクハニ

$71 \times 43 = 3053$ ナイヨサ　サレゴサ

$71 \times 44 = 3124$ ナイヨー　サイニヨ

$71 \times 45 = 3195$ ナイヨゴ　サイクゴ

$71 \times 46 = 3266$ ナイヨロ　サニロー

$71 \times 47 = 3337$ ナイヨナ　サーサナ

$71 \times 48 = 3408$ ナイヨハ　サヨレハ

$71 \times 52 = 3692$ ナイゴニ　サロクニ

$71 \times 53 = 3763$ ナイゴサ　サナロサ

$71 \times 54 = 3834$ ナイゴヨ　サハサヨ

$71 \times 55 = 3905$ ナイゴー　サクレゴ

$71 \times 56 = 3976$ ナイゴロ　サクナロ

$71 \times 57 = 4047$ ナイゴナ　ヨレヨナ

$71 \times 58 = 4118$ ナイゴハ　ヨイイハ

$71 \times 62 = 4402$ ナイロニ　ヨーレニ

$71 \times 63 = 4473$ ナイロサ　ヨーナサ

$71 \times 64 = 4544$ ナイロヨ　ヨゴヨー

$71 \times 65 = 4615$ ナイロゴ　ヨロイゴ

$71 \times 66 = 4686$ ナイロー　ヨロハロ

$71 \times 67 = 4757$ ナイロナ　ヨナゴナ

$71 \times 68 = 4828$ ナイロハ　ヨハニハ

$71 \times 72 = 5112$ ナイナニ　ゴイイニ

$71 \times 73 = 5183$ ナイナサ　ゴイハサ

$71 \times 74 = 5254$ ナイナヨ　ゴニゴヨ

$71 \times 75 = 5325$ ナイナゴ　ゴサニゴ

$71 \times 76 = 5396$ ナイナロ　ゴサクロ

$71 \times 77 = 5467$ ナイナー　ゴヨロナ

$71 \times 78 = 5538$ ナイナハ　ゴーサハ

$71 \times 82 = 5822$ ナイハニ　ゴハニー

71 × 83 = 5893	ナイハサ　ゴハクサ	71 × 93 = 6603	ナイクサ　ローレサ
71 × 84 = 5964	ナイハヨ　ゴクロヨ	71 × 94 = 6674	ナイクヨ　ローナヨ
71 × 85 = 6035	ナイハゴ　ロレサゴ	71 × 95 = 6745	ナイクゴ　ロナヨゴ
71 × 86 = 6106	ナイハロ　ロイレロ	71 × 96 = 6816	ナイクロ　ロハイロ
71 × 87 = 6177	ナイハナ　ロイナー	71 × 97 = 6887	ナイクナ　ロハハナ
71 × 88 = 6248	ナイハー　ロニヨハ	71 × 98 = 6958	ナイクハ　ロクゴハ
71 × 92 = 6532	ナイクニ　ロゴサニ		

トピック

長い河川ランキング

（？のところは調べてみましょう）

世　界

1位	ナイル川	6695km
2位	アマゾン川	6516km
3位	？	
4位	ミシシッピーミズーリーレッドロック	5969km
5位	オビーイルチシ	5568km

「世界いろいろ雑学ランキング」（外務省）
https://www.mofa.go.jp/mofaj/kids/ranking/river.html を加工して作成

72

72 × 12 =	864	ナニイニ　ハロヨ
72 × 13 =	936	ナニイサ　クサロ
72 × 14 =	1008	ナニイヨ　イレレハ
72 × 15 =	1080	ナニイゴ　イレハレ
72 × 16 =	1152	ナニイロ　イーゴニ
72 × 17 =	1224	ナニイナ　イニニヨ
72 × 18 =	1296	ナニイハ　イニクロ
72 × 22 =	1584	ナニニー　イゴハヨ
72 × 23 =	1656	ナニニサ　イロゴロ
72 × 24 =	1728	ナニニヨ　イナニハ
72 × 25 =	1800	ナニニゴ　イハレー
72 × 26 =	1872	ナニニロ　イハナニ
72 × 27 =	1944	ナニニナ　イクヨー
72 × 28 =	2016	ナニニハ　ニレイロ
72 × 32 =	2304	ナニサニ　ニサレヨ
72 × 33 =	2376	ナニサー　ニサナロ
72 × 34 =	2448	ナニサヨ　ニヨヨハ
72 × 35 =	2520	ナニサゴ　ニゴニレ
72 × 36 =	2592	ナニサロ　ニゴクニ
72 × 37 =	2664	ナニサナ　ニロロヨ
72 × 38 =	2736	ナニサハ　ニナサロ
72 × 42 =	3024	ナニヨニ　サレニヨ
72 × 43 =	3096	ナニヨサ　サレクロ
72 × 44 =	3168	ナニヨー　サイロハ
72 × 45 =	3240	ナニヨゴ　サニヨレ
72 × 46 =	3312	ナニヨロ　サーイニ
72 × 47 =	3384	ナニヨナ　サーハヨ
72 × 48 =	3456	ナニヨハ　サヨゴロ
72 × 52 =	3744	ナニゴニ　サナヨー
72 × 53 =	3816	ナニゴサ　サハイロ
72 × 54 =	3888	ナニゴヨ　サハハー
72 × 55 =	3960	ナニゴー　サクロレ
72 × 56 =	4032	ナニゴロ　ヨレサニ
72 × 57 =	4104	ナニゴナ　ヨイレヨ
72 × 58 =	4176	ナニゴハ　ヨイナロ
72 × 62 =	4464	ナニロニ　ヨーロヨ
72 × 63 =	4536	ナニロサ　ヨゴサロ
72 × 64 =	4608	ナニロヨ　ヨロレハ
72 × 65 =	4680	ナニロゴ　ヨロハレ
72 × 66 =	4752	ナニロー　ヨナゴニ
72 × 67 =	4824	ナニロナ　ヨハニヨ
72 × 68 =	4896	ナニロハ　ヨハクロ
72 × 72 =	5184	ナニナニ　ゴイハヨ
72 × 73 =	5256	ナニナサ　ゴニゴロ
72 × 74 =	5328	ナニナヨ　ゴサニハ
72 × 75 =	5400	ナニナゴ　ゴヨレー
72 × 76 =	5472	ナニナロ　ゴヨナニ
72 × 77 =	5544	ナニナー　ゴーヨー
72 × 78 =	5616	ナニナハ　ゴロイロ
72 × 82 =	5904	ナニハニ　ゴクレヨ

72

72 × 83 = 5976 ナニハサ　ゴクナロ

72 × 84 = 6048 ナニハヨ　ロレヨハ

72 × 85 = 6120 ナニハゴ　ロイニレ

72 × 86 = 6192 ナニハロ　ロイクニ

72 × 87 = 6264 ナニハナ　ロニロヨ

72 × 88 = 6336 ナニハー　ロササロ

72 × 92 = 6624 ナニクニ　ローニヨ

72 × 93 = 6696 ナニクサ　ロークロ

72 × 94 = 6768 ナニクヨ　ロナロハ

72 × 95 = 6840 ナニクゴ　ロハヨレ

72 × 96 = 6912 ナニクロ　ロクイニ

72 × 97 = 6984 ナニクナ　ロクハヨ

72 × 98 = 7056 ナニクハ　ナレゴロ

73

73 × 12 = 876 ナサイニ　ハナロ

73 × 13 = 949 ナサイサ　クヨク

73 × 14 = 1022 ナサイヨ　イレニー

73 × 15 = 1095 ナサイゴ　イレクゴ

73 × 16 = 1168 ナサイロ　イーロハ

73 × 17 = 1241 ナサイナ　イニヨイ

73 × 18 = 1314 ナサイハ　イサイヨ

73 × 22 = 1606 ナサニー　イロレロ

73 × 23 = 1679 ナサニサ　イロナク

73 × 24 = 1752 ナサニヨ　イナゴニ

73 × 25 = 1825 ナサニゴ　イハニゴ

73 × 26 = 1898 ナサニロ　イハクハ

73 × 27 = 1971 ナサニナ　イクナイ

73 × 28 = 2044 ナサニハ　ニレヨー

73 × 32 = 2336 ナササニ　ニササロ

73 × 33 = 2409 ナササー　ニヨレク

73 × 34 = 2482 ナササヨ　ニヨハニ

73 × 35 = 2555 ナササゴ　ニゴゴー

73 × 36 = 2628 ナササロ　ニロニハ

73 × 37 = 2701 ナササナ　ニナレイ

73 × 38 = 2774 ナササハ　ニナナヨ

73 × 42 = 3066 ナサヨニ　サレロー

73 × 43 = 3139 ナサヨサ　サイサク

73 × 44 = 3212 ナサヨー　サニイニ

73 × 45 = 3285 ナサヨゴ　サニハゴ

73 × 46 = 3358 ナサヨロ　サーゴハ

73

73 × 47 = 3431 ナサヨナ　サヨサイ	73 × 75 = 5475 ナサナゴ　ゴヨナゴ
73 × 48 = 3504 ナサヨハ　サゴレヨ	73 × 76 = 5548 ナサナロ　ゴーヨハ
73 × 52 = 3796 ナサゴニ　サナクロ	73 × 77 = 5621 ナサナー　ゴロニイ
73 × 53 = 3869 ナサゴサ　サハロク	73 × 78 = 5694 ナサナハ　ゴロクヨ
73 × 54 = 3942 ナサゴヨ　サクヨニ	73 × 82 = 5986 ナサハニ　ゴクハロ
73 × 55 = 4015 ナサゴー　ヨレイゴ	73 × 83 = 6059 ナサハサ　ロレゴク
73 × 56 = 4088 ナサゴロ　ヨレハー	73 × 84 = 6132 ナサハヨ　ロイサニ
73 × 57 = 4161 ナサゴナ　ヨイロイ	73 × 85 = 6205 ナサハゴ　ロニレゴ
73 × 58 = 4234 ナサゴハ　ヨニサヨ	73 × 86 = 6278 ナサハロ　ロニナハ
73 × 62 = 4526 ナサロニ　ヨゴニロ	73 × 87 = 6351 ナサハナ　ロサゴイ
73 × 63 = 4599 ナサロサ　ヨゴクー	73 × 88 = 6424 ナサハー　ロヨニヨ
73 × 64 = 4672 ナサロヨ　ヨロナニ	73 × 92 = 6716 ナサクニ　ロナイロ
73 × 65 = 4745 ナサロゴ　ヨナヨゴ	73 × 93 = 6789 ナサクサ　ロナハク
73 × 66 = 4818 ナサロー　ヨハイハ	73 × 94 = 6862 ナサクヨ　ロハロニ
73 × 67 = 4891 ナサロナ　ヨハクイ	73 × 95 = 6935 ナサクゴ　ロクサゴ
73 × 68 = 4964 ナサロハ　ヨクロヨ	73 × 96 = 7008 ナサクロ　ナレレハ
73 × 72 = 5256 ナサナニ　ゴニゴロ	73 × 97 = 7081 ナサクナ　ナレハイ
73 × 73 = 5329 ナサナサ　ゴサニク	73 × 98 = 7154 ナサクハ　ナイゴヨ
73 × 74 = 5402 ナサナヨ　ゴヨレニ	

74 × 12 = 888	ナヨイニ　ハハー
74 × 13 = 962	ナヨイサ　クロニ
74 × 14 = 1036	ナヨイヨ　イレサロ
74 × 15 = 1110	ナヨイゴ　イーイレ
74 × 16 = 1184	ナヨイロ　イーハヨ
74 × 17 = 1258	ナヨイナ　イニゴハ
74 × 18 = 1332	ナヨイハ　イササニ
74 × 22 = 1628	ナヨニー　イロニハ
74 × 23 = 1702	ナヨニサ　イナレニ
74 × 24 = 1776	ナヨニヨ　イナナロ
74 × 25 = 1850	ナヨニゴ　イハゴレ
74 × 26 = 1924	ナヨニロ　イクニヨ
74 × 27 = 1998	ナヨニナ　イククハ
74 × 28 = 2072	ナヨニハ　ニレナニ
74 × 32 = 2368	ナヨサニ　ニサロハ
74 × 33 = 2442	ナヨサー　ニヨヨニ
74 × 34 = 2516	ナヨサヨ　ニゴイロ
74 × 35 = 2590	ナヨサゴ　ニゴクレ
74 × 36 = 2664	ナヨサロ　ニロロヨ
74 × 37 = 2738	ナヨサナ　ニナサハ
74 × 38 = 2812	ナヨサハ　ニハイニ
74 × 42 = 3108	ナヨヨニ　サイレハ
74 × 43 = 3182	ナヨヨサ　サイハニ
74 × 44 = 3256	ナヨヨー　サニゴロ
74 × 45 = 3330	ナヨヨゴ　サーサレ
74 × 46 = 3404	ナヨヨロ　サヨレヨ
74 × 47 = 3478	ナヨヨナ　サヨナハ
74 × 48 = 3552	ナヨヨハ　サゴゴニ
74 × 52 = 3848	ナヨゴニ　サハヨハ
74 × 53 = 3922	ナヨゴサ　サクニー
74 × 54 = 3996	ナヨゴヨ　サククロ
74 × 55 = 4070	ナヨゴー　ヨレナレ
74 × 56 = 4144	ナヨゴロ　ヨイヨー
74 × 57 = 4218	ナヨゴナ　ヨニイハ
74 × 58 = 4292	ナヨゴハ　ヨニクニ
74 × 62 = 4588	ナヨロニ　ヨゴハー
74 × 63 = 4662	ナヨロサ　ヨロロニ
74 × 64 = 4736	ナヨロヨ　ヨナサロ
74 × 65 = 4810	ナヨロゴ　ヨハイレ
74 × 66 = 4884	ナヨロー　ヨハハヨ
74 × 67 = 4958	ナヨロナ　ヨクゴハ
74 × 68 = 5032	ナヨロハ　ゴレサニ
74 × 72 = 5328	ナヨナニ　ゴサニハ
74 × 73 = 5402	ナヨナサ　ゴヨレニ
74 × 74 = 5476	ナヨナヨ　ゴヨナロ
74 × 75 = 5550	ナヨナゴ　ゴーゴレ
74 × 76 = 5624	ナヨナロ　ゴロニヨ
74 × 77 = 5698	ナヨナー　ゴロクハ
74 × 78 = 5772	ナヨナハ　ゴナナニ
74 × 82 = 6068	ナヨハニ　ロレロハ

74

74 × 83 = 6142	ナヨハサ　ロイヨニ	74 × 93 = 6882	ナヨクサ　ロハハニ
74 × 84 = 6216	ナヨハヨ　ロニイロ	74 × 94 = 6956	ナヨクヨ　ロクゴロ
74 × 85 = 6290	ナヨハゴ　ロニクレ	74 × 95 = 7030	ナヨクゴ　ナレサレ
74 × 86 = 6364	ナヨハロ　ロサロヨ	74 × 96 = 7104	ナヨクロ　ナイレヨ
74 × 87 = 6438	ナヨハナ　ロヨサハ	74 × 97 = 7178	ナヨクナ　ナイナハ
74 × 88 = 6512	ナヨハー　ロゴイニ	74 × 98 = 7252	ナヨクハ　ナニゴニ
74 × 92 = 6808	ナヨクニ　ロハレハ		

75 × 12 = 900	ナゴイニ　クレー	75 × 46 = 3450	ナゴヨロ　サヨゴレ
75 × 13 = 975	ナゴイサ　クナゴ	75 × 47 = 3525	ナゴヨナ　サゴニゴ
75 × 14 = 1050	ナゴイヨ　イレゴレ	75 × 48 = 3600	ナゴヨハ　サロレー
75 × 15 = 1125	ナゴイゴ　イーニゴ	75 × 52 = 3900	ナゴゴニ　サクレー
75 × 16 = 1200	ナゴイロ　イニレー	75 × 53 = 3975	ナゴゴサ　サクナゴ
75 × 17 = 1275	ナゴイナ　イニナゴ	75 × 54 = 4050	ナゴゴヨ　ヨレゴレ
75 × 18 = 1350	ナゴイハ　イサゴレ	75 × 55 = 4125	ナゴゴー　ヨイニゴ
75 × 22 = 1650	ナゴニー　イロゴレ	75 × 56 = 4200	ナゴゴロ　ヨニレー
75 × 23 = 1725	ナゴニサ　イナニゴ	75 × 57 = 4275	ナゴゴナ　ヨニナゴ
75 × 24 = 1800	ナゴニヨ　イハレー	75 × 58 = 4350	ナゴゴハ　ヨサゴレ
75 × 25 = 1875	ナゴニゴ　イハナゴ	75 × 62 = 4650	ナゴロニ　ヨロゴレ
75 × 26 = 1950	ナゴニロ　イクゴレ	75 × 63 = 4725	ナゴロサ　ヨナニゴ
75 × 27 = 2025	ナゴニナ　ニレニゴ	75 × 64 = 4800	ナゴロヨ　ヨハレー
75 × 28 = 2100	ナゴニハ　ニイレー	75 × 65 = 4875	ナゴロゴ　ヨハナゴ
75 × 32 = 2400	ナゴサニ　ニヨレー	75 × 66 = 4950	ナゴロー　ヨクゴレ
75 × 33 = 2475	ナゴサー　ニヨナゴ	75 × 67 = 5025	ナゴロナ　ゴレニゴ
75 × 34 = 2550	ナゴサヨ　ニゴゴレ	75 × 68 = 5100	ナゴロハ　ゴイレー
75 × 35 = 2625	ナゴサゴ　ニロニゴ	75 × 72 = 5400	ナゴナニ　ゴヨレー
75 × 36 = 2700	ナゴサロ　ニナレー	75 × 73 = 5475	ナゴナサ　ゴヨナゴ
75 × 37 = 2775	ナゴサナ　ニナナゴ	75 × 74 = 5550	ナゴナヨ　ゴーゴレ
75 × 38 = 2850	ナゴサハ　ニハゴレ	75 × 75 = 5625	ナゴナゴ　ゴロニゴ
75 × 42 = 3150	ナゴヨニ　サイゴレ	75 × 76 = 5700	ナゴナロ　ゴナレー
75 × 43 = 3225	ナゴヨサ　サニニゴ	75 × 77 = 5775	ナゴナー　ゴナナゴ
75 × 44 = 3300	ナゴヨー　サーレー	75 × 78 = 5850	ナゴナハ　ゴハゴレ
75 × 45 = 3375	ナゴヨゴ　サーナゴ	75 × 82 = 6150	ナゴハニ　ロイゴレ

75 × 83 = 6225	ナゴハサ　ロニニゴ	75 × 93 = 6975	ナゴクサ　ロクナゴ
75 × 84 = 6300	ナゴハヨ　ロサレー	75 × 94 = 7050	ナゴクヨ　ナレゴレ
75 × 85 = 6375	ナゴハゴ　ロサナゴ	75 × 95 = 7125	ナゴクゴ　ナイニゴ
75 × 86 = 6450	ナゴハロ　ロヨゴレ	75 × 96 = 7200	ナゴクロ　ナニレー
75 × 87 = 6525	ナゴハナ　ロゴニゴ	75 × 97 = 7275	ナゴクナ　ナニナゴ
75 × 88 = 6600	ナゴハー　ローレー	75 × 98 = 7350	ナゴクハ　ナサゴレ
75 × 92 = 6900	ナゴクニ　ロクレー		

トピック

面積が広い都道府県ランキング

1位　北海道　83,424.39㎢
2位　岩手県　15,275.01㎢
3位　福島県　13,783.90㎢
4位　長野県　13,561.56㎢ *
5位　新潟県　12,584.24㎢ *

（＊境界未定地域を含む都道府県については、参考値（便宜上の概算数値）として面積値に「＊」印を付して記載してあります。）

「令和２年全国都道府県市区町村別面積調（１月１日時点）」（国土地理院）
https://www.gsi.go.jp/KOKUJYOHO/MENCHO/202001/R1_sanko.pdf をもとに作成

76 × 12 = 912 ナロイニ クイニ

76 × 13 = 988 ナロイサ クハー

76 × 14 = 1064 ナロイヨ イレロヨ

76 × 15 = 1140 ナロイゴ イーヨレ

76 × 16 = 1216 ナロイロ イニイロ

76 × 17 = 1292 ナロイナ イニクニ

76 × 18 = 1368 ナロイハ イサロハ

76 × 22 = 1672 ナロニー イロナニ

76 × 23 = 1748 ナロニサ イナヨハ

76 × 24 = 1824 ナロニヨ イハニヨ

76 × 25 = 1900 ナロニゴ イクレー

76 × 26 = 1976 ナロニロ イクナロ

76 × 27 = 2052 ナロニナ ニレゴニ

76 × 28 = 2128 ナロニハ ニイニハ

76 × 32 = 2432 ナロサニ ニヨサニ

76 × 33 = 2508 ナロサー ニゴレハ

76 × 34 = 2584 ナロサヨ ニゴハヨ

76 × 35 = 2660 ナロサゴ ニロロレ

76 × 36 = 2736 ナロサロ ニナサロ

76 × 37 = 2812 ナロサナ ニハイニ

76 × 38 = 2888 ナロサハ ニハハー

76 × 42 = 3192 ナロヨニ サイクニ

76 × 43 = 3268 ナロヨサ サニロハ

76 × 44 = 3344 ナロヨー サーヨー

76 × 45 = 3420 ナロヨゴ サヨニレ

76 × 46 = 3496 ナロヨロ サヨクロ

76 × 47 = 3572 ナロヨナ サゴナニ

76 × 48 = 3648 ナロヨハ サロヨハ

76 × 52 = 3952 ナロゴニ サクゴニ

76 × 53 = 4028 ナロゴサ ヨレニハ

76 × 54 = 4104 ナロゴヨ ヨイレヨ

76 × 55 = 4180 ナロゴー ヨイハレ

76 × 56 = 4256 ナロゴロ ヨニゴロ

76 × 57 = 4332 ナロゴナ ヨササニ

76 × 58 = 4408 ナロゴハ ヨーレハ

76 × 62 = 4712 ナロロニ ヨナイニ

76 × 63 = 4788 ナロロサ ヨナハー

76 × 64 = 4864 ナロロヨ ヨハロヨ

76 × 65 = 4940 ナロロゴ ヨクヨレ

76 × 66 = 5016 ナロロー ゴレイロ

76 × 67 = 5092 ナロロナ ゴレクニ

76 × 68 = 5168 ナロロハ ゴイロハ

76 × 72 = 5472 ナロナニ ゴヨナニ

76 × 73 = 5548 ナロナサ ゴーヨハ

76 × 74 = 5624 ナロナヨ ゴロニヨ

76 × 75 = 5700 ナロナゴ ゴナレー

76 × 76 = 5776 ナロナロ ゴナナロ

76 × 77 = 5852 ナロナー ゴハゴニ

76 × 78 = 5928 ナロナハ ゴクニハ

76 × 82 = 6232 ナロハニ ロニサニ

76

76 × 83 = 6308	ナロハサ　ロサレハ
76 × 84 = 6384	ナロハヨ　ロサハヨ
76 × 85 = 6460	ナロハゴ　ロヨロレ
76 × 86 = 6536	ナロハロ　ロゴサロ
76 × 87 = 6612	ナロハナ　ローイニ
76 × 88 = 6688	ナロハー　ローハー
76 × 92 = 6992	ナロクニ　ロククニ
76 × 93 = 7068	ナロクサ　ナレロハ
76 × 94 = 7144	ナロクヨ　ナイヨー
76 × 95 = 7220	ナロクゴ　ナニニレ
76 × 96 = 7296	ナロクロ　ナニクロ
76 × 97 = 7372	ナロクナ　ナサナニ
76 × 98 = 7448	ナロクハ　ナヨヨハ

77

77 × 12 = 924	ナーイニ　クニヨ
77 × 13 = 1001	ナーイサ　イレレイ
77 × 14 = 1078	ナーイヨ　イレナハ
77 × 15 = 1155	ナーイゴ　イーゴー
77 × 16 = 1232	ナーイロ　イニサニ
77 × 17 = 1309	ナーイナ　イサレク
77 × 18 = 1386	ナーイハ　イサハロ
77 × 22 = 1694	ナーニー　イロクヨ
77 × 23 = 1771	ナーニサ　イナナイ
77 × 24 = 1848	ナーニヨ　イハヨハ
77 × 25 = 1925	ナーニゴ　イクニゴ
77 × 26 = 2002	ナーニロ　ニレレニ
77 × 27 = 2079	ナーニナ　ニレナク
77 × 28 = 2156	ナーニハ　ニイゴロ
77 × 32 = 2464	ナーサニ　ニヨロヨ
77 × 33 = 2541	ナーサー　ニゴヨイ
77 × 34 = 2618	ナーサヨ　ニロイハ
77 × 35 = 2695	ナーサゴ　ニロクゴ
77 × 36 = 2772	ナーサロ　ニナナニ
77 × 37 = 2849	ナーサナ　ニハヨク
77 × 38 = 2926	ナーサハ　ニクニロ
77 × 42 = 3234	ナーヨニ　サニサヨ
77 × 43 = 3311	ナーヨサ　サーイー
77 × 44 = 3388	ナーヨー　サーハー
77 × 45 = 3465	ナーヨゴ　サヨロゴ
77 × 46 = 3542	ナーヨロ　サゴヨニ

77 × 47 = 3619 ナーヨナ　サロイク
77 × 48 = 3696 ナーヨハ　サロクロ
77 × 52 = 4004 ナーゴニ　ヨレレヨ
77 × 53 = 4081 ナーゴサ　ヨレハイ
77 × 54 = 4158 ナーゴヨ　ヨイゴハ
77 × 55 = 4235 ナーゴー　ヨニサゴ
77 × 56 = 4312 ナーゴロ　ヨサイニ
77 × 57 = 4389 ナーゴナ　ヨサハク
77 × 58 = 4466 ナーゴハ　ヨーロー
77 × 62 = 4774 ナーロニ　ヨナナヨ
77 × 63 = 4851 ナーロサ　ヨハゴイ
77 × 64 = 4928 ナーロヨ　ヨクニハ
77 × 65 = 5005 ナーロゴ　ゴレレゴ
77 × 66 = 5082 ナーロー　ゴレハニ
77 × 67 = 5159 ナーロナ　ゴイゴク
77 × 68 = 5236 ナーロハ　ゴニサロ
77 × 72 = 5544 ナーナニ　ゴーヨー
77 × 73 = 5621 ナーナサ　ゴロニイ
77 × 74 = 5698 ナーナヨ　ゴロクハ
77 × 75 = 5775 ナーナゴ　ゴナナゴ
77 × 76 = 5852 ナーナロ　ゴハゴニ
77 × 77 = 5929 ナーナー　ゴクニク
77 × 78 = 6006 ナーナハ　ロレレロ
77 × 82 = 6314 ナーハニ　ロサイヨ
77 × 83 = 6391 ナーハサ　ロサクイ
77 × 84 = 6468 ナーハヨ　ロヨロハ
77 × 85 = 6545 ナーハゴ　ロゴヨゴ
77 × 86 = 6622 ナーハロ　ローニー
77 × 87 = 6699 ナーハナ　ロークー
77 × 88 = 6776 ナーハー　ロナナロ
77 × 92 = 7084 ナークニ　ナレハヨ
77 × 93 = 7161 ナークサ　ナイロイ
77 × 94 = 7238 ナークヨ　ナニサハ
77 × 95 = 7315 ナークゴ　ナサイゴ
77 × 96 = 7392 ナークロ　ナサクニ
77 × 97 = 7469 ナークナ　ナヨロク
77 × 98 = 7546 ナークハ　ナゴヨロ

78

78 × 12 =	936	ナハイニ　クサロ
78 × 13 =	1014	ナハイサ　イレイヨ
78 × 14 =	1092	ナハイヨ　イレクニ
78 × 15 =	1170	ナハイゴ　イーナレ
78 × 16 =	1248	ナハイロ　イニヨハ
78 × 17 =	1326	ナハイナ　イサニロ
78 × 18 =	1404	ナハイハ　イヨレヨ
78 × 22 =	1716	ナハニー　イナイロ
78 × 23 =	1794	ナハニサ　イナクヨ
78 × 24 =	1872	ナハニヨ　イハナニ
78 × 25 =	1950	ナハニゴ　イクゴレ
78 × 26 =	2028	ナハニロ　ニレニハ
78 × 27 =	2106	ナハニナ　ニイレロ
78 × 28 =	2184	ナハニハ　ニイハヨ
78 × 32 =	2496	ナハサニ　ニヨクロ
78 × 33 =	2574	ナハサー　ニゴナヨ
78 × 34 =	2652	ナハサヨ　ニロゴニ
78 × 35 =	2730	ナハサゴ　ニナサレ
78 × 36 =	2808	ナハサロ　ニハレハ
78 × 37 =	2886	ナハサナ　ニハハロ
78 × 38 =	2964	ナハサハ　ニクロヨ
78 × 42 =	3276	ナハヨニ　サニナロ
78 × 43 =	3354	ナハヨサ　サーゴヨ
78 × 44 =	3432	ナハヨー　サヨサニ
78 × 45 =	3510	ナハヨゴ　サゴレイ
78 × 46 =	3588	ナハヨロ　サゴハー
78 × 47 =	3666	ナハヨナ　サロロー
78 × 48 =	3744	ナハヨハ　サナヨー
78 × 52 =	4056	ナハゴニ　ヨレゴロ
78 × 53 =	4134	ナハゴサ　ヨイサヨ
78 × 54 =	4212	ナハゴヨ　ヨニイニ
78 × 55 =	4290	ナハゴー　ヨニクレ
78 × 56 =	4368	ナハゴロ　ヨサロハ
78 × 57 =	4446	ナハゴナ　ヨーヨロ
78 × 58 =	4524	ナハゴハ　ヨゴニヨ
78 × 62 =	4836	ナハロニ　ヨハサロ
78 × 63 =	4914	ナハロサ　ヨクイヨ
78 × 64 =	4992	ナハロヨ　ヨククニ
78 × 65 =	5070	ナハロゴ　ゴレナレ
78 × 66 =	5148	ナハロー　ゴイヨハ
78 × 67 =	5226	ナハロナ　ゴニニロ
78 × 68 =	5304	ナハロハ　ゴサレヨ
78 × 72 =	5616	ナハナニ　ゴロイロ
78 × 73 =	5694	ナハナサ　ゴロクヨ
78 × 74 =	5772	ナハナヨ　ゴナナニ
78 × 75 =	5850	ナハナゴ　ゴハゴレ
78 × 76 =	5928	ナハナロ　ゴクニハ
78 × 77 =	6006	ナハナー　ロレレロ
78 × 78 =	6084	ナハナハ　ロレハヨ
78 × 82 =	6396	ナハハニ　ロサクロ

78 × 83 = 6474	ナハハサ　ロヨナヨ	78 × 93 = 7254	ナハクサ　ナニゴヨ
78 × 84 = 6552	ナハハヨ　ロゴゴニ	78 × 94 = 7332	ナハクヨ　ナササニ
78 × 85 = 6630	ナハハゴ　ローサレ	78 × 95 = 7410	ナハクゴ　ナヨイレ
78 × 86 = 6708	ナハハロ　ロナレハ	78 × 96 = 7488	ナハクロ　ナヨハー
78 × 87 = 6786	ナハハナ　ロナハロ	78 × 97 = 7566	ナハクナ　ナゴロー
78 × 88 = 6864	ナハハー　ロハロヨ	78 × 98 = 7644	ナハクハ　ナロヨー
78 × 92 = 7176	ナハクニ　ナイナロ		

79

79 × 12 = 948 ナクイニ　クヨハ

79 × 13 = 1027 ナクイサ　イレニナ

79 × 14 = 1106 ナクイヨ　イーレロ

79 × 15 = 1185 ナクイゴ　イーハゴ

79 × 16 = 1264 ナクイロ　イニロヨ

79 × 17 = 1343 ナクイナ　イサヨサ

79 × 18 = 1422 ナクイハ　イヨニー

79 × 22 = 1738 ナクニー　イナサハ

79 × 23 = 1817 ナクニサ　イハイナ

79 × 24 = 1896 ナクニヨ　イハクロ

79 × 25 = 1975 ナクニゴ　イクナゴ

79 × 26 = 2054 ナクニロ　ニレゴヨ

79 × 27 = 2133 ナクニナ　ニイサー

79 × 28 = 2212 ナクニハ　ニーイニ

79 × 32 = 2528 ナクサニ　ニゴニハ

79 × 33 = 2607 ナクサー　ニロレナ

79 × 34 = 2686 ナクサヨ　ニロハロ

79 × 35 = 2765 ナクサゴ　ニナロゴ

79 × 36 = 2844 ナクサロ　ニハヨー

79 × 37 = 2923 ナクサナ　ニクニサ

79 × 38 = 3002 ナクサハ　サレレニ

79 × 42 = 3318 ナクヨニ　サーイハ

79 × 43 = 3397 ナクヨサ　サークナ

79 × 44 = 3476 ナクヨー　サヨナロ

79 × 45 = 3555 ナクヨゴ　サゴゴー

79 × 46 = 3634 ナクヨロ　サロサヨ

79 × 47 = 3713 ナクヨナ　サナイサ

79 × 48 = 3792 ナクヨハ　サナクニ

79 × 52 = 4108 ナクゴニ　ヨイレハ

79 × 53 = 4187 ナクゴサ　ヨイハナ

79 × 54 = 4266 ナクゴヨ　ヨニロー

79 × 55 = 4345 ナクゴー　ヨサヨゴ

79 × 56 = 4424 ナクゴロ　ヨーニヨ

79 × 57 = 4503 ナクゴナ　ヨゴレサ

79 × 58 = 4582 ナクゴハ　ヨゴハニ

79 × 62 = 4898 ナクロニ　ヨハクハ

79 × 63 = 4977 ナクロサ　ヨクナー

79 × 64 = 5056 ナクロヨ　ゴレゴロ

79 × 65 = 5135 ナクロゴ　ゴイサゴ

79 × 66 = 5214 ナクロー　ゴニイヨ

79 × 67 = 5293 ナクロナ　ゴニクサ

79 × 68 = 5372 ナクロハ　ゴサナニ

79 × 72 = 5688 ナクナニ　ゴロハー

79 × 73 = 5767 ナクナサ　ゴナロナ

79 × 74 = 5846 ナクナヨ　ゴハヨロ

79 × 75 = 5925 ナクナゴ　ゴクニゴ

79 × 76 = 6004 ナクナロ　ロレレヨ

79 × 77 = 6083 ナクナー　ロレハサ

79 × 78 = 6162 ナクナハ　ロイロニ

79 × 82 = 6478 ナクハニ　ロヨナハ

79 × 83 = 6557	ナクハサ　ロゴゴナ	79 × 93 = 7347	ナククサ　ナサヨナ
79 × 84 = 6636	ナクハヨ　ローサロ	79 × 94 = 7426	ナククヨ　ナヨニロ
79 × 85 = 6715	ナクハゴ　ロナイゴ	79 × 95 = 7505	ナククゴ　ナゴレゴ
79 × 86 = 6794	ナクハロ　ロナクヨ	79 × 96 = 7584	ナククロ　ナゴハヨ
79 × 87 = 6873	ナクハナ　ロハナサ	79 × 97 = 7663	ナククナ　ナロロサ
79 × 88 = 6952	ナクハー　ロクゴニ	79 × 98 = 7742	ナククハ　ナーヨニ
79 × 92 = 7268	ナククニ　ナニロハ		

トピック

大きな湖ランキング（国内編）

（調査されている湖のみ）

1位	琵琶湖	669.26㎢
2位	霞ヶ浦	168.10㎢
3位	サロマ湖	151.59㎢
4位	猪苗代湖	103.24㎢
5位	中　海	85.75㎢

「令和２年全国都道府県市区町村別面積調（1月1日時点）」（国土地理院）
https://www.gsi.go.jp/kankyochiri/koshouchousa-list.html を加工して作成

80

80 × 12 = 960　ハレイニ　クロレ
80 × 13 = 1040　ハレイサ　イレヨレ
80 × 14 = 1120　ハレイヨ　イーニレ
80 × 15 = 1200　ハレイゴ　イニレー
80 × 16 = 1280　ハレイロ　イニハレ
80 × 17 = 1360　ハレイナ　イサロレ
80 × 18 = 1440　ハレイハ　イヨヨレ
80 × 22 = 1760　ハレニー　イナロレ
80 × 23 = 1840　ハレニサ　イハヨレ
80 × 24 = 1920　ハレニヨ　イクニレ
80 × 25 = 2000　ハレニゴ　ニレレー
80 × 26 = 2080　ハレニロ　ニレハレ
80 × 27 = 2160　ハレニナ　ニイロレ
80 × 28 = 2240　ハレニハ　ニーヨレ
80 × 32 = 2560　ハレサニ　ニゴロレ
80 × 33 = 2640　ハレサー　ニロヨレ
80 × 34 = 2720　ハレサヨ　ニナニレ
80 × 35 = 2800　ハレサゴ　ニハレー
80 × 36 = 2880　ハレサロ　ニハハレ
80 × 37 = 2960　ハレサナ　ニクロレ
80 × 38 = 3040　ハレサハ　サレヨレ
80 × 42 = 3360　ハレヨニ　サーロレ
80 × 43 = 3440　ハレヨサ　サヨヨレ
80 × 44 = 3520　ハレヨー　サゴニレ
80 × 45 = 3600　ハレヨゴ　サロレー

80 × 46 = 3680　ハレヨロ　サロハレ
80 × 47 = 3760　ハレヨナ　サナロレ
80 × 48 = 3840　ハレヨハ　サハヨレ
80 × 52 = 4160　ハレゴニ　ヨイロレ
80 × 53 = 4240　ハレゴサ　ヨニヨレ
80 × 54 = 4320　ハレゴヨ　ヨサニレ
80 × 55 = 4400　ハレゴー　ヨーレー
80 × 56 = 4480　ハレゴロ　ヨーハレ
80 × 57 = 4560　ハレゴナ　ヨゴロレ
80 × 58 = 4640　ハレゴハ　ヨロヨレ
80 × 62 = 4960　ハレロニ　ヨクロレ
80 × 63 = 5040　ハレロサ　ゴレヨレ
80 × 64 = 5120　ハレロヨ　ゴイニレ
80 × 65 = 5200　ハレロゴ　ゴニレー
80 × 66 = 5280　ハレロー　ゴニハレ
80 × 67 = 5360　ハレロナ　ゴサロレ
80 × 68 = 5440　ハレロハ　ゴヨヨレ
80 × 72 = 5760　ハレナニ　ゴナロレ
80 × 73 = 5840　ハレナサ　ゴハヨレ
80 × 74 = 5920　ハレナヨ　ゴクニレ
80 × 75 = 6000　ハレナゴ　ロレレー
80 × 76 = 6080　ハレナロ　ロレハレ
80 × 77 = 6160　ハレナー　ロイロレ
80 × 78 = 6240　ハレナハ　ロニヨレ
80 × 82 = 6560　ハレハニ　ロゴロレ

80

80 × 83 = 6640	ハレハサ　ローヨレ	80 × 93 = 7440	ハレクサ　ナヨヨレ
80 × 84 = 6720	ハレハヨ　ロナニレ	80 × 94 = 7520	ハレクヨ　ナゴニレ
80 × 85 = 6800	ハレハゴ　ロハレー	80 × 95 = 7600	ハレクゴ　ナロレー
80 × 86 = 6880	ハレハロ　ロハハレ	80 × 96 = 7680	ハレクロ　ナロハレ
80 × 87 = 6960	ハレハナ　ロクロレ	80 × 97 = 7760	ハレクナ　ナーロレ
80 × 88 = 7040	ハレハー　ナレヨレ	80 × 98 = 7840	ハレクハ　ナハヨレ
80 × 92 = 7360	ハレクニ　ナサロレ		

81

81 × 12 = 972	ハイイニ　クナニ	81 × 28 = 2268	ハイニハ　ニーロハ
81 × 13 = 1053	ハイイサ　イレゴサ	81 × 32 = 2592	ハイサニ　ニゴクニ
81 × 14 = 1134	ハイイヨ　イーサヨ	81 × 33 = 2673	ハイサー　ニロナサ
81 × 15 = 1215	ハイイゴ　イニイゴ	81 × 34 = 2754	ハイサヨ　ニナゴヨ
81 × 16 = 1296	ハイイロ　イニクロ	81 × 35 = 2835	ハイサゴ　ニハサゴ
81 × 17 = 1377	ハイイナ　イサナー	81 × 36 = 2916	ハイサロ　ニクイロ
81 × 18 = 1458	ハイイハ　イヨゴハ	81 × 37 = 2997	ハイサナ　ニククナ
81 × 22 = 1782	ハイニー　イナハニ	81 × 38 = 3078	ハイサハ　サレナハ
81 × 23 = 1863	ハイニサ　イハロサ	81 × 42 = 3402	ハイヨニ　サヨレニ
81 × 24 = 1944	ハイニヨ　イクヨー	81 × 43 = 3483	ハイヨサ　サヨハサ
81 × 25 = 2025	ハイニゴ　ニレニゴ	81 × 44 = 3564	ハイヨー　サゴロヨ
81 × 26 = 2106	ハイニロ　ニイレロ	81 × 45 = 3645	ハイヨゴ　サロヨゴ
81 × 27 = 2187	ハイニナ　ニイハナ	81 × 46 = 3726	ハイヨロ　サナニロ

81

81 × 47 = 3807	ハイヨナ　サハレナ	81 × 75 = 6075	ハイナゴ　ロレナゴ
81 × 48 = 3888	ハイヨハ　サハハー	81 × 76 = 6156	ハイナロ　ロイゴロ
81 × 52 = 4212	ハイゴニ　ヨニイニ	81 × 77 = 6237	ハイナー　ロニサナ
81 × 53 = 4293	ハイゴサ　ヨニクサ	81 × 78 = 6318	ハイナハ　ロサイハ
81 × 54 = 4374	ハイゴヨ　ヨサナヨ	81 × 82 = 6642	ハイハニ　ローヨニ
81 × 55 = 4455	ハイゴー　ヨーゴー	81 × 83 = 6723	ハイハサ　ロナニサ
81 × 56 = 4536	ハイゴロ　ヨゴサロ	81 × 84 = 6804	ハイハヨ　ロハレヨ
81 × 57 = 4617	ハイゴナ　ヨロイナ	81 × 85 = 6885	ハイハゴ　ロハハゴ
81 × 58 = 4698	ハイゴハ　ヨロクハ	81 × 86 = 6966	ハイハロ　ロクロー
81 × 62 = 5022	ハイロニ　ゴレニー	81 × 87 = 7047	ハイハナ　ナレヨナ
81 × 63 = 5103	ハイロサ　ゴイレサ	81 × 88 = 7128	ハイハー　ナイニハ
81 × 64 = 5184	ハイロヨ　ゴイハヨ	81 × 92 = 7452	ハイクニ　ナヨゴニ
81 × 65 = 5265	ハイロゴ　ゴニロゴ	81 × 93 = 7533	ハイクサ　ナゴサー
81 × 66 = 5346	ハイロー　ゴサヨロ	81 × 94 = 7614	ハイクヨ　ナロイヨ
81 × 67 = 5427	ハイロナ　ゴヨニナ	81 × 95 = 7695	ハイクゴ　ナロクゴ
81 × 68 = 5508	ハイロハ　ゴーレハ	81 × 96 = 7776	ハイクロ　ナーナロ
81 × 72 = 5832	ハイナニ　ゴハサニ	81 × 97 = 7857	ハイクナ　ナハゴナ
81 × 73 = 5913	ハイナサ　ゴクイサ	81 × 98 = 7938	ハイクハ　ナクサハ
81 × 74 = 5994	ハイナヨ　ゴククヨ		

82 × 12 = 984	ハニイニ　クハヨ
82 × 13 = 1066	ハニイサ　イレロー
82 × 14 = 1148	ハニイヨ　イーヨハ
82 × 15 = 1230	ハニイゴ　イニサレ
82 × 16 = 1312	ハニイロ　イサイニ
82 × 17 = 1394	ハニイナ　イサクヨ
82 × 18 = 1476	ハニイハ　イヨナロ
82 × 22 = 1804	ナニニー　イハレヨ
82 × 23 = 1886	ハニニサ　イハハロ
82 × 24 = 1968	ハニニヨ　イクロハ
82 × 25 = 2050	ハニニゴ　ニレゴレ
82 × 26 = 2132	ハニニロ　ニイサニ
82 × 27 = 2214	ハニニナ　ニーイヨ
82 × 28 = 2296	ハニニハ　ニークロ
82 × 32 = 2624	ハニサニ　ニロニヨ
82 × 33 = 2706	ハニサー　ニナレロ
82 × 34 = 2788	ハニサヨ　ニナハー
82 × 35 = 2870	ハニサゴ　ニハナレ
82 × 36 = 2952	ハニサロ　ニクゴニ
82 × 37 = 3034	ハニサナ　サレサヨ
82 × 38 = 3116	ハニサハ　サイイロ
82 × 42 = 3444	ハニヨニ　サヨヨー
82 × 43 = 3526	ハニヨサ　サゴニロ
82 × 44 = 3608	ハニヨー　サロレハ
82 × 45 = 3690	ハニヨゴ　サロクレ
82 × 46 = 3772	ハニヨロ　サナナニ
82 × 47 = 3854	ハニヨナ　サハゴヨ
82 × 48 = 3936	ハニヨハ　サクサロ
82 × 52 = 4264	ハニゴニ　ヨニロヨ
82 × 53 = 4346	ハニゴサ　ヨサヨロ
82 × 54 = 4428	ハニゴヨ　ヨーニハ
82 × 55 = 4510	ハニゴー　ヨゴイレ
82 × 56 = 4592	ハニゴロ　ヨゴクニ
82 × 57 = 4674	ハニゴナ　ヨロナヨ
82 × 58 = 4756	ハニゴハ　ヨナゴロ
82 × 62 = 5084	ハニロニ　ゴレハヨ
82 × 63 = 5166	ハニロサ　ゴイロー
82 × 64 = 5248	ハニロヨ　ゴニヨハ
82 × 65 = 5330	ハニロゴ　ゴササレ
82 × 66 = 5412	ハニロー　ゴヨイニ
82 × 67 = 5494	ハニロナ　ゴヨクヨ
82 × 68 = 5576	ハニロハ　ゴーナロ
82 × 72 = 5904	ハニナニ　ゴクレヨ
82 × 73 = 5986	ハニナサ　ゴクハロ
82 × 74 = 6068	ハニナヨ　ロレロハ
82 × 75 = 6150	ハニナゴ　ロイゴレ
82 × 76 = 6232	ハニナロ　ロニサニ
82 × 77 = 6314	ハニナー　ロサイヨ
82 × 78 = 6396	ハニナハ　ロサクロ
82 × 82 = 6724	ハニハニ　ロナニヨ

82

82 × 83 = 6806	ハニハサ　ロハレロ		82 × 93 = 7626	ハニクサ　ナロニロ	
82 × 84 = 6888	ハニハヨ　ロハハー		82 × 94 = 7708	ハニクヨ　ナーレハ	
82 × 85 = 6970	ハニハゴ　ロクナレ		82 × 95 = 7790	ハニクゴ　ナークレ	
82 × 86 = 7052	ハニハロ　ナレゴニ		82 × 96 = 7872	ハニクロ　ナハナニ	
82 × 87 = 7134	ハニハナ　ナイサヨ		82 × 97 = 7954	ハニクナ　ナクゴヨ	
82 × 88 = 7216	ハニハー　ナニイロ		82 × 98 = 8036	ハニクハ　ハレサロ	
82 × 92 = 7544	ハニクニ　ナゴヨー				

83 × 12 = 996　ハサイニ　ククロ

83 × 13 = 1079　ハサイサ　イレナク

83 × 14 = 1162　ハサイヨ　イーロニ

83 × 15 = 1245　ハサイゴ　イニヨゴ

83 × 16 = 1328　ハサイロ　イサニハ

83 × 17 = 1411　ハサイナ　イヨイー

83 × 18 = 1494　ハサイハ　イヨクヨ

83 × 22 = 1826　ハサニー　イハニロ

83 × 23 = 1909　ハサニサ　イクレク

83 × 24 = 1992　ハサニヨ　イククレ

83 × 25 = 2075　ハサニゴ　ニレナゴ

83 × 26 = 2158　ハサニロ　ニイゴハ

83 × 27 = 2241　ハサニナ　ニーヨイ

83 × 28 = 2324　ハサニハ　ニサニヨ

83 × 32 = 2656　ハササニ　ニロゴロ

83 × 33 = 2739　ハササー　ニナサク

83 × 34 = 2822　ハササヨ　ニハニー

83 × 35 = 2905　ハササゴ　ニクレゴ

83 × 36 = 2988　ハササロ　ニクハー

83 × 37 = 3071　ハササナ　サレナイ

83 × 38 = 3154　ハササハ　サイゴヨ

83 × 42 = 3486　ハサヨニ　サヨハロ

83 × 43 = 3569　ハサヨサ　サゴロク

83 × 44 = 3652　ハサヨー　サロゴニ

83 × 45 = 3735　ハサヨゴ　サナサゴ

83 × 46 = 3818　ハサヨロ　サハイハ

83 × 47 = 3901　ハサヨナ　サクレイ

83 × 48 = 3984　ハサヨハ　サクハヨ

83 × 52 = 4316　ハサゴニ　ヨサイロ

83 × 53 = 4399　ハサゴサ　ヨサクー

83 × 54 = 4482　ハサゴヨ　ヨーハニ

83 × 55 = 4565　ハサゴー　ヨゴロゴ

83 × 56 = 4648　ハサゴロ　ヨロヨハ

83 × 57 = 4731　ハサゴナ　ヨナサイ

83 × 58 = 4814　ハサゴハ　ヨハイヨ

83 × 62 = 5146　ハサロニ　ゴイヨロ

83 × 63 = 5229　ハサロサ　ゴニニク

83 × 64 = 5312　ハサロヨ　ゴサイニ

83 × 65 = 5395　ハサロゴ　ゴサクゴ

83 × 66 = 5478　ハサロー　ゴヨナハ

83 × 67 = 5561　ハサロナ　ゴーロイ

83 × 68 = 5644　ハサロハ　ゴロヨー

83 × 72 = 5976　ハサナニ　ゴクナロ

83 × 73 = 6059　ハサナサ　ロレゴク

83 × 74 = 6142　ハサナヨ　ロイヨニ

83 × 75 = 6225　ハサナゴ　ロニニゴ

83 × 76 = 6308　ハサナロ　ロサレハ

83 × 77 = 6391　ハサナー　ロサクイ

83 × 78 = 6474　ハサナハ　ロヨナヨ

83 × 82 = 6806　ハサハニ　ロハレロ

83 × 83 = 6889	ハサハサ　ロハハク	83 × 93 = 7719	ハサクサ　ナーイク
83 × 84 = 6972	ハサハヨ　ロクナニ	83 × 94 = 7802	ハサクヨ　ナハレニ
83 × 85 = 7055	ハサハゴ　ナレゴー	83 × 95 = 7885	ハサクゴ　ナハハゴ
83 × 86 = 7138	ハサハロ　ナイサハ	83 × 96 = 7968	ハサクロ　ナクロハ
83 × 87 = 7221	ハサハナ　ナニニイ	83 × 97 = 8051	ハサクナ　ハレゴイ
83 × 88 = 7304	ハサハー　ナサレヨ	83 × 98 = 8134	ハサクハ　ハイサヨ
83 × 92 = 7636	ハサクニ　ナロサロ		

トピック

都道府県別人口ランキング

（2018年推計）

1位　東京都
2位　神奈川県
3位　大阪府
4位　愛知県
5位　埼玉県
6位　千葉県
7位　兵庫県
8位　北海道
9位　福岡県
10位　静岡県

「日本の統計 2020—第2章　人口・世帯　2-2 都道府県別人口と人口増加率」（総務省統計局）
https://www.stat.go.jp/data/nihon/02.html を加工して作成

84 × 12 = 1008 ハヨイニ　イレレハ

84 × 13 = 1092 ハヨイサ　イレクニ

84 × 14 = 1176 ハヨイヨ　イーナロ

84 × 15 = 1260 ハヨイゴ　イニロレ

84 × 16 = 1344 ハヨイロ　イサヨー

84 × 17 = 1428 ハヨイナ　イヨニハ

84 × 18 = 1512 ハヨイハ　イゴイニ

84 × 22 = 1848 ハヨニー　イハヨハ

84 × 23 = 1932 ハヨニサ　イクサニ

84 × 24 = 2016 ハヨニヨ　ニレイロ

84 × 25 = 2100 ハヨニゴ　ニイレー

84 × 26 = 2184 ハヨニロ　ニイハヨ

84 × 27 = 2268 ハヨニナ　ニーロハ

84 × 28 = 2352 ハヨニハ　ニサゴニ

84 × 32 = 2688 ハヨサニ　ニロハー

84 × 33 = 2772 ハヨサー　ニナナニ

84 × 34 = 2856 ハヨサヨ　ニハゴロ

84 × 35 = 2940 ハヨサゴ　ニクヨレ

84 × 36 = 3024 ハヨサロ　サレニヨ

84 × 37 = 3108 ハヨサナ　サイレハ

84 × 38 = 3192 ハヨサハ　サイクニ

84 × 42 = 3528 ハヨヨニ　サゴニハ

84 × 43 = 3612 ハヨヨサ　サロイニ

84 × 44 = 3696 ハヨヨー　サロクロ

84 × 45 = 3780 ハヨヨゴ　サナハレ

84 × 46 = 3864 ハヨヨロ　サハロヨ

84 × 47 = 3948 ハヨヨナ　サクヨハ

84 × 48 = 4032 ハヨヨハ　ヨレサニ

84 × 52 = 4368 ハヨゴニ　ヨサロハ

84 × 53 = 4452 ハヨゴサ　ヨーゴニ

84 × 54 = 4536 ハヨゴヨ　ヨゴサロ

84 × 55 = 4620 ハヨゴー　ヨロニレ

84 × 56 = 4704 ハヨゴロ　ヨナレヨ

84 × 57 = 4788 ハヨゴナ　ヨナハー

84 × 58 = 4872 ハヨゴハ　ヨハナニ

84 × 62 = 5208 ハヨロニ　ゴニレハ

84 × 63 = 5292 ハヨロサ　ゴニクニ

84 × 64 = 5376 ハヨロヨ　ゴサナロ

84 × 65 = 5460 ハヨロゴ　ゴヨロレ

84 × 66 = 5544 ハヨロー　ゴーヨー

84 × 67 = 5628 ハヨロナ　ゴロニハ

84 × 68 = 5712 ハヨロハ　ゴナイニ

84 × 72 = 6048 ハヨナニ　ロレヨハ

84 × 73 = 6132 ハヨナサ　ロイサニ

84 × 74 = 6216 ハヨナヨ　ロニイロ

84 × 75 = 6300 ハヨナゴ　ロサレー

84 × 76 = 6384 ハヨナロ　ロサハヨ

84 × 77 = 6468 ハヨナー　ロヨロハ

84 × 78 = 6552 ハヨナハ　ロゴゴニ

84 × 82 = 6888 ハヨハニ　ロハハー

84

84 × 83 = 6972　ハヨハサ　ロクナニ

84 × 84 = 7056　ハヨハヨ　ナレゴロ

84 × 85 = 7140　ハヨハゴ　ナイヨレ

84 × 86 = 7224　ハヨハロ　ナニニヨ

84 × 87 = 7308　ハヨハナ　ナサレハ

84 × 88 = 7392　ハヨハー　ナサクニ

84 × 92 = 7728　ハヨクニ　ナーニハ

84 × 93 = 7812　ハヨクサ　ナハイニ

84 × 94 = 7896　ハヨクヨ　ナハクロ

84 × 95 = 7980　ハヨクゴ　ナクハレ

84 × 96 = 8064　ハヨクロ　ハレロヨ

84 × 97 = 8148　ハヨクナ　ハイヨハ

84 × 98 = 8232　ハヨクハ　ハニサニ

85

85 × 12 = 1020　ハゴイニ　イレニレ

85 × 13 = 1105　ハゴイサ　イーレゴ

85 × 14 = 1190　ハゴイヨ　イークレ

85 × 15 = 1275　ハゴイゴ　イニナゴ

85 × 16 = 1360　ハゴイロ　イサロレ

85 × 17 = 1445　ハゴイナ　イヨヨゴ

85 × 18 = 1530　ハゴイハ　イゴサレ

85 × 22 = 1870　ハゴニー　イハナレ

85 × 23 = 1955　ハゴニサ　イクゴー

85 × 24 = 2040　ハゴニヨ　ニレヨレ

85 × 25 = 2125　ハゴニゴ　ニイニゴ

85 × 26 = 2210　ハゴニロ　ニーイレ

85 × 27 = 2295　ハゴニナ　ニークゴ

85 × 28 = 2380　ハゴニハ　ニサハレ

85 × 32 = 2720　ハゴサニ　ニナニレ

85 × 33 = 2805　ハゴサー　ニハレゴ

85 × 34 = 2890　ハゴサヨ　ニハクレ

85 × 35 = 2975　ハゴサゴ　ニクナゴ

85 × 36 = 3060　ハゴサロ　サレロレ

85 × 37 = 3145　ハゴサナ　サイヨゴ

85 × 38 = 3230　ハゴサハ　サニサレ

85 × 42 = 3570　ハゴヨニ　サゴナレ

85 × 43 = 3655　ハゴヨサ　サロゴー

85 × 44 = 3740　ハゴヨー　サナヨレ

85 × 45 = 3825　ハゴヨゴ　サハニゴ

85 × 46 = 3910　ハゴヨロ　サクイレ

85 × 47 = 3995 ハゴヨナ　サククゴ
85 × 48 = 4080 ハゴヨハ　ヨレハレ
85 × 52 = 4420 ハゴゴニ　ヨーニレ
85 × 53 = 4505 ハゴゴサ　ヨゴレゴ
85 × 54 = 4590 ハゴゴヨ　ヨゴクレ
85 × 55 = 4675 ハゴゴー　ヨロナゴ
85 × 56 = 4760 ハゴゴロ　ヨナロレ
85 × 57 = 4845 ハゴゴナ　ヨハヨゴ
85 × 58 = 4930 ハゴゴハ　ヨクサレ
85 × 62 = 5270 ハゴロニ　ゴニナレ
85 × 63 = 5355 ハゴロサ　ゴサゴー
85 × 64 = 5440 ハゴロヨ　ゴヨヨレ
85 × 65 = 5525 ハゴロゴ　ゴーニゴ
85 × 66 = 5610 ハゴロー　ゴロイレ
85 × 67 = 5695 ハゴロナ　ゴロクゴ
85 × 68 = 5780 ハゴロハ　ゴナハレ
85 × 72 = 6120 ハゴナニ　ロイニレ
85 × 73 = 6205 ハゴナサ　ロニレゴ
85 × 74 = 6290 ハゴナヨ　ロニクレ
85 × 75 = 6375 ハゴナゴ　ロサナゴ
85 × 76 = 6460 ハゴナロ　ロヨロレ
85 × 77 = 6545 ハゴナー　ロゴヨゴ
85 × 78 = 6630 ハゴナゴ　ローサレ
85 × 82 = 6970 ハゴハニ　ロクナレ
85 × 83 = 7055 ハゴハサ　ナレゴー
85 × 84 = 7140 ハゴハヨ　ナイヨレ
85 × 85 = 7225 ハゴハゴ　ナニニゴ
85 × 86 = 7310 ハゴハロ　ナサイレ
85 × 87 = 7395 ハゴハナ　ナサクゴ
85 × 88 = 7480 ハゴハー　ナヨハレ
85 × 92 = 7820 ハゴクニ　ナハニレ
85 × 93 = 7905 ハゴクサ　ナクレゴ
85 × 94 = 7990 ハゴクヨ　ナククレ
85 × 95 = 8075 ハゴクゴ　ハレナゴ
85 × 96 = 8160 ハゴクロ　ハイロレ
85 × 97 = 8245 ハゴクナ　ハニヨゴ
85 × 98 = 8330 ハゴクハ　ハササレ

86

86 × 12 = 1032 ハロイニ　イレサニ

86 × 13 = 1118 ハロイサ　イーイハ

86 × 14 = 1204 ハロイヨ　イニレヨ

86 × 15 = 1290 ハロイゴ　イニクレ

86 × 16 = 1376 ハロイロ　イサナロ

86 × 17 = 1462 ハロイナ　イヨロニ

86 × 18 = 1548 ハロイハ　イゴヨハ

86 × 22 = 1892 ハロニー　イハクニ

86 × 23 = 1978 ハロニサ　イクナハ

86 × 24 = 2064 ハロニヨ　ニレロヨ

86 × 25 = 2150 ハロニゴ　ニイゴレ

86 × 26 = 2236 ハロニロ　ニーサロ

86 × 27 = 2322 ハロニナ　ニサニー

86 × 28 = 2408 ハロニハ　ニヨレハ

86 × 32 = 2752 ハロサニ　ニナゴニ

86 × 33 = 2838 ハロサー　ニハサハ

86 × 34 = 2924 ハロサヨ　ニクニヨ

86 × 35 = 3010 ハロサゴ　サレイレ

86 × 36 = 3096 ハロサロ　サレクロ

86 × 37 = 3182 ハロサナ　サイハニ

86 × 38 = 3268 ハロサハ　サニロハ

86 × 42 = 3612 ハロヨニ　サロイニ

86 × 43 = 3698 ハロヨサ　サロクハ

86 × 44 = 3784 ハロヨー　サナハヨ

86 × 45 = 3870 ハロヨゴ　サハナレ

86 × 46 = 3956 ハロヨロ　サクゴロ

86 × 47 = 4042 ハロヨナ　ヨレヨニ

86 × 48 = 4128 ハロヨハ　ヨイニハ

86 × 52 = 4472 ハロゴニ　ヨーナニ

86 × 53 = 4558 ハロゴサ　ヨゴゴハ

86 × 54 = 4644 ハロゴヨ　ヨロヨー

86 × 55 = 4730 ハロゴー　ヨナサレ

86 × 56 = 4816 ハロゴロ　ヨハイロ

86 × 57 = 4902 ハロゴナ　ヨクレニ

86 × 58 = 4988 ハロゴハ　ヨクハー

86 × 62 = 5332 ハロロニ　ゴササニ

86 × 63 = 5418 ハロロサ　ゴヨイハ

86 × 64 = 5504 ハロロヨ　ゴーレヨ

86 × 65 = 5590 ハロロゴ　ゴークレ

86 × 66 = 5676 ハロロー　ゴロナロ

86 × 67 = 5762 ハロロナ　ゴナロニ

86 × 68 = 5848 ハロロハ　ゴハヨハ

86 × 72 = 6192 ハロナニ　ロイクニ

86 × 73 = 6278 ハロナサ　ロニナハ

86 × 74 = 6364 ハロナヨ　ロサロヨ

86 × 75 = 6450 ハロナゴ　ロヨゴレ

86 × 76 = 6536 ハロナロ　ロゴサロ

86 × 77 = 6622 ハロナー　ローニー

86 × 78 = 6708 ハロナハ　ロナレハ

86 × 82 = 7052 ハロハニ　ナレゴニ

86 × 83 = 7138	ハロハサ　ナイサハ	86 × 93 = 7998	ハロクサ　ナククハ
86 × 84 = 7224	ハロハヨ　ナニニヨ	86 × 94 = 8084	ハロクヨ　ハレハヨ
86 × 85 = 7310	ハロハゴ　ナサイレ	86 × 95 = 8170	ハロクゴ　ハイナレ
86 × 86 = 7396	ハロハロ　ナサクロ	86 × 96 = 8256	ハロクロ　ハニゴロ
86 × 87 = 7482	ハロハナ　ナヨハニ	86 × 97 = 8342	ハロクナ　ハサヨニ
86 × 88 = 7568	ハロハー　ナゴロハ	86 × 98 = 8428	ハロクハ　ハヨニハ
86 × 92 = 7912	ハロクニ　ナクイニ		

87 × 12 = 1044	ハナイニ　イレヨー
87 × 13 = 1131	ハナイサ　イーサイ
87 × 14 = 1218	ハナイヨ　イニイハ
87 × 15 = 1305	ハナイゴ　イサレゴ
87 × 16 = 1392	ハナイロ　イサクニ
87 × 17 = 1479	ハナイナ　イヨナク
87 × 18 = 1566	ハナイハ　イゴロー
87 × 22 = 1914	ハナニー　イクイヨ
87 × 23 = 2001	ハナニサ　ニレレイ
87 × 24 = 2088	ハナニヨ　ニレハー
87 × 25 = 2175	ハナニゴ　ニイナゴ
87 × 26 = 2262	ハナニロ　ニーロニ
87 × 27 = 2349	ハナニナ　ニサヨク
87 × 28 = 2436	ハナニハ　ニヨサロ
87 × 32 = 2784	ハナサニ　ニナハヨ
87 × 33 = 2871	ハナサー　ニハナイ
87 × 34 = 2958	ハナサヨ　ニクゴハ
87 × 35 = 3045	ハナサゴ　サレヨゴ
87 × 36 = 3132	ハナサロ　サイサニ
87 × 37 = 3219	ハナサナ　サニイク
87 × 38 = 3306	ハナサハ　サーレロ
87 × 42 = 3654	ハナヨニ　サロゴヨ
87 × 43 = 3741	ハナヨサ　サナヨイ
87 × 44 = 3828	ハナヨー　サハニハ
87 × 45 = 3915	ハナヨゴ　サクイゴ
87 × 46 = 4002	ハナヨロ　ヨレレニ
87 × 47 = 4089	ハナヨナ　ヨレハク
87 × 48 = 4176	ハナヨハ　ヨイナロ
87 × 52 = 4524	ハナゴニ　ヨゴニヨ
87 × 53 = 4611	ハナゴサ　ヨロイー
87 × 54 = 4698	ハナゴヨ　ヨロクハ
87 × 55 = 4785	ハナゴー　ヨナハゴ
87 × 56 = 4872	ハナゴロ　ヨハナニ
87 × 57 = 4959	ハナゴナ　ヨクゴク
87 × 58 = 5046	ハナゴハ　ゴレヨロ
87 × 62 = 5394	ハナロニ　ゴサクヨ
87 × 63 = 5481	ハナロサ　ゴヨハイ
87 × 64 = 5568	ハナロヨ　ゴーロハ
87 × 65 = 5655	ハナロゴ　ゴロゴー
87 × 66 = 5742	ハナロー　ゴナヨニ
87 × 67 = 5829	ハナロナ　ゴハニク
87 × 68 = 5916	ハナロハ　ゴクイロ
87 × 72 = 6264	ハナナニ　ロニロヨ
87 × 73 = 6351	ハナナサ　ロサゴイ
87 × 74 = 6438	ハナナヨ　ロヨサハ
87 × 75 = 6525	ハナナゴ　ロゴニゴ
87 × 76 = 6612	ハナナロ　ロロイニ
87 × 77 = 6699	ハナナー　ロークー
87 × 78 = 6786	ハナナハ　ロナハロ
87 × 82 = 7134	ハナハニ　ナイサヨ

87 × 83 = 7221	ハナハサ　ナニニイ
87 × 84 = 7308	ハナハヨ　ナサレハ
87 × 85 = 7395	ハナハゴ　ナサクゴ
87 × 86 = 7482	ハナハロ　ナヨハニ
87 × 87 = 7569	ハナハナ　ナゴロク
87 × 88 = 7656	ハナハー　ナロゴロ
87 × 92 = 8004	ハナクニ　ハレレヨ
87 × 93 = 8091	ハナクサ　ハレクイ
87 × 94 = 8178	ハナクヨ　ハイナハ
87 × 95 = 8265	ハナクゴ　ハニロゴ
87 × 96 = 8352	ハナクロ　ハサゴニ
87 × 97 = 8439	ハナクナ　ハヨサク
87 × 98 = 8526	ハナクハ　ハゴニロ

トピック

計算パズルを完成させよう！

０～９の数字を２つと＋・－のいずれかを使い、答えが3になる式を完成させてください。ただし、同じ数字は一回しか使えません。□には数字（0～9）、○には記号（＋・－）を入れてください。

□　○　□＝３
□　○　□＝３
□　○　□＝３
□　○　□＝３
□　○　□＝３

88

88 × 12 = 1056	ハーイニ　イレゴロ
88 × 13 = 1144	ハーイサ　イーヨー
88 × 14 = 1232	ハーイヨ　イニサニ
88 × 15 = 1320	ハーイゴ　イサニレ
88 × 16 = 1408	ハーイロ　イヨレハ
88 × 17 = 1496	ハーイナ　イヨクロ
88 × 18 = 1584	ハーイハ　イゴハヨ
88 × 22 = 1936	ハーニー　イクサロ
88 × 23 = 2024	ハーニサ　ニレニヨ
88 × 24 = 2112	ハーニヨ　ニイイニ
88 × 25 = 2200	ハーニゴ　ニーレー
88 × 26 = 2288	ハーニロ　ニーハー
88 × 27 = 2376	ハーニナ　ニサナロ
88 × 28 = 2464	ハーニハ　ニヨロヨ
88 × 32 = 2816	ハーサニ　ニハイロ
88 × 33 = 2904	ハーサー　ニクレヨ
88 × 34 = 2992	ハーサヨ　ニククニ
88 × 35 = 3080	ハーサゴ　サレハレ
88 × 36 = 3168	ハーサロ　サイロハ
88 × 37 = 3256	ハーサナ　サニゴロ
88 × 38 = 3344	ハーサハ　サーヨー
88 × 42 = 3696	ハーヨニ　サロクロ
88 × 43 = 3784	ハーヨサ　サナハヨ
88 × 44 = 3872	ハーヨー　サハナニ
88 × 45 = 3960	ハーヨゴ　サクロレ
88 × 46 = 4048	ハーヨロ　ヨレヨハ
88 × 47 = 4136	ハーヨナ　ヨイサロ
88 × 48 = 4224	ハーヨハ　ヨニニヨ
88 × 52 = 4576	ハーゴニ　ヨゴナロ
88 × 53 = 4664	ハーゴサ　ヨロロヨ
88 × 54 = 4752	ハーゴヨ　ヨナゴニ
88 × 55 = 4840	ハーゴー　ヨハヨレ
88 × 56 = 4928	ハーゴロ　ヨクニハ
88 × 57 = 5016	ハーゴナ　ゴレイロ
88 × 58 = 5104	ハーゴハ　ゴイレヨ
88 × 62 = 5456	ハーロニ　ゴヨゴロ
88 × 63 = 5544	ハーロサ　ゴーヨー
88 × 64 = 5632	ハーロヨ　ゴロサニ
88 × 65 = 5720	ハーロゴ　ゴナニレ
88 × 66 = 5808	ハーロー　ゴハレハ
88 × 67 = 5896	ハーロナ　ゴハクロ
88 × 68 = 5984	ハーロハ　ゴクハヨ
88 × 72 = 6336	ハーナニ　ロササロ
88 × 73 = 6424	ハーナサ　ロヨニヨ
88 × 74 = 6512	ハーナヨ　ロゴイニ
88 × 75 = 6600	ハーナゴ　ローレー
88 × 76 = 6688	ハーナロ　ローハー
88 × 77 = 6776	ハーナー　ロナナロ
88 × 78 = 6864	ハーナハ　ロハロヨ
88 × 82 = 7216	ハーハニ　ナニイロ

88

88 × 83 = 7304	ハーハサ　ナサレヨ	88 × 93 = 8184	ハークサ　ハイハヨ
88 × 84 = 7392	ハーハヨ　ナサクニ	88 × 94 = 8272	ハークヨ　ハニナニ
88 × 85 = 7480	ハーハゴ　ナヨハレ	88 × 95 = 8360	ハークゴ　ハサロレ
88 × 86 = 7568	ハーハロ　ナゴロハ	88 × 96 = 8448	ハークロ　ハヨヨハ
88 × 87 = 7656	ハーハナ　ナロゴロ	88 × 97 = 8536	ハークナ　ハゴサロ
88 × 88 = 7744	ハーハー　ナーヨー	88 × 98 = 8624	ハークハ　ハロニヨ
88 × 92 = 8096	ハークニ　ハレクロ		

89

89 × 12 = 1068	ハクイニ　イレロハ	89 × 28 = 2492	ハクニハ　ニヨクニ
89 × 13 = 1157	ハクイサ　イーゴナ	89 × 32 = 2848	ハクサニ　ニハヨハ
89 × 14 = 1246	ハクイヨ　イニヨロ	89 × 33 = 2937	ハクサー　ニクサナ
89 × 15 = 1335	ハクイゴ　イササゴ	89 × 34 = 3026	ハクサヨ　サレニロ
89 × 16 = 1424	ハクイロ　イヨニヨ	89 × 35 = 3115	ハクサゴ　サイイゴ
89 × 17 = 1513	ハクイナ　イゴイサ	89 × 36 = 3204	ハクサロ　サニレヨ
89 × 18 = 1602	ハクイハ　イロレニ	89 × 37 = 3293	ハクサナ　サニクサ
89 × 22 = 1958	ハクニー　イクゴハ	89 × 38 = 3382	ハクサハ　サーハニ
89 × 23 = 2047	ハクニサ　ニレヨナ	89 × 42 = 3738	ハクヨニ　サナサハ
89 × 24 = 2136	ハクニヨ　ニイサロ	89 × 43 = 3827	ハクヨサ　サハニナ
89 × 25 = 2225	ハクニゴ　ニーニゴ	89 × 44 = 3916	ハクヨー　サクイロ
89 × 26 = 2314	ハクニロ　ニサイヨ	89 × 45 = 4005	ハクヨゴ　ヨレレゴ
89 × 27 = 2403	ハクニナ　ニヨレサ	89 × 46 = 4094	ハクヨロ　ヨレクヨ

89

$89 \times 47 = 4183$ ハクヨナ　ヨイハサ

$89 \times 48 = 4272$ ハクヨハ　ヨニナニ

$89 \times 52 = 4628$ ハクゴニ　ヨロニハ

$89 \times 53 = 4717$ ハクゴサ　ヨナイナ

$89 \times 54 = 4806$ ハクゴヨ　ヨハレロ

$89 \times 55 = 4895$ ハクゴー　ヨハクゴ

$89 \times 56 = 4984$ ハクゴロ　ヨクハヨ

$89 \times 57 = 5073$ ハクゴナ　ゴレナサ

$89 \times 58 = 5162$ ハクゴハ　ゴイロニ

$89 \times 62 = 5518$ ハクロニ　ゴーイハ

$89 \times 63 = 5607$ ハクロサ　ゴロレナ

$89 \times 64 = 5696$ ハクロヨ　ゴロクロ

$89 \times 65 = 5785$ ハクロゴ　ゴナハゴ

$89 \times 66 = 5874$ ハクロー　ゴハナヨ

$89 \times 67 = 5963$ ハクロナ　ゴクロサ

$89 \times 68 = 6052$ ハクロハ　ロレゴニ

$89 \times 72 = 6408$ ハクナニ　ロヨレハ

$89 \times 73 = 6497$ ハクナサ　ロヨクナ

$89 \times 74 = 6586$ ハクナヨ　ロゴハロ

$89 \times 75 = 6675$ ハクナゴ　ローナゴ

$89 \times 76 = 6764$ ハクナロ　ロナロヨ

$89 \times 77 = 6853$ ハクナー　ロハゴサ

$89 \times 78 = 6942$ ハクナハ　ロクヨニ

$89 \times 82 = 7298$ ハクハニ　ナニクハ

$89 \times 83 = 7387$ ハクハサ　ナサハナ

$89 \times 84 = 7476$ ハクハヨ　ナヨナロ

$89 \times 85 = 7565$ ハクハゴ　ナゴロゴ

$89 \times 86 = 7654$ ハクハロ　ナロゴヨ

$89 \times 87 = 7743$ ハクハナ　ナーヨサ

$89 \times 88 = 7832$ ハクハー　ナハサニ

$89 \times 92 = 8188$ ハククニ　ハイハー

$89 \times 93 = 8277$ ハククサ　ハニナー

$89 \times 94 = 8366$ ハククヨ　ハサロー

$89 \times 95 = 8455$ ハククゴ　ハヨゴー

$89 \times 96 = 8544$ ハククロ　ハゴヨー

$89 \times 97 = 8633$ ハククナ　ハロサー

$89 \times 98 = 8722$ ハククハ　ハナニー

90 × 12 =	1080	クレイニ　イレハレ
90 × 13 =	1170	クレイサ　イーナレ
90 × 14 =	1260	クレイヨ　イニロレ
90 × 15 =	1350	クレイゴ　イサゴレ
90 × 16 =	1440	クレイロ　イヨヨレ
90 × 17 =	1530	クレイナ　イゴサレ
90 × 18 =	1620	クレイハ　イロニレ
90 × 22 =	1980	クレニー　イクハレ
90 × 23 =	2070	クレニサ　ニレナレ
90 × 24 =	2160	クレニヨ　ニイロレ
90 × 25 =	2250	クレニゴ　ニーゴレ
90 × 26 =	2340	クレニロ　ニサヨレ
90 × 27 =	2430	クレニナ　ニヨサレ
90 × 28 =	2520	クレニハ　ニゴニレ
90 × 32 =	2880	クレサニ　ニハハレ
90 × 33 =	2970	クレサー　ニクナレ
90 × 34 =	3060	クレサヨ　サレロレ
90 × 35 =	3150	クレサゴ　サイゴレ
90 × 36 =	3240	クレサロ　サニヨレ
90 × 37 =	3330	クレサナ　サーサレ
90 × 38 =	3420	クレサハ　サヨニレ
90 × 42 =	3780	クレヨニ　サナハレ
90 × 43 =	3870	クレヨサ　サハナレ
90 × 44 =	3960	クレヨー　サクロレ
90 × 45 =	4050	クレヨゴ　ヨレゴレ
90 × 46 =	4140	クレヨロ　ヨイヨレ
90 × 47 =	4230	クレヨナ　ヨニサレ
90 × 48 =	4320	クレヨハ　ヨサニレ
90 × 52 =	4680	クレゴニ　ヨロハレ
90 × 53 =	4770	クレゴサ　ヨナナレ
90 × 54 =	4860	クレゴヨ　ヨハロレ
90 × 55 =	4950	クレゴー　ヨクゴレ
90 × 56 =	5040	クレゴロ　ゴレヨレ
90 × 57 =	5130	クレゴナ　ゴイサレ
90 × 58 =	5220	クレゴハ　ゴニニレ
90 × 62 =	5580	クレロニ　ゴーハレ
90 × 63 =	5670	クレロサ　ゴロナレ
90 × 64 =	5760	クレロヨ　ゴナロレ
90 × 65 =	5850	クレロゴ　ゴハゴレ
90 × 66 =	5940	クレロー　ゴクヨレ
90 × 67 =	6030	クレロナ　ロレサレ
90 × 68 =	6120	クレロハ　ロイニレ
90 × 72 =	6480	クレナニ　ロヨハレ
90 × 73 =	6570	クレナサ　ロゴナレ
90 × 74 =	6660	クレナヨ　ローロレ
90 × 75 =	6750	クレナゴ　ロナゴレ
90 × 76 =	6840	クレナロ　ロハヨレ
90 × 77 =	6930	クレナー　ロクサレ
90 × 78 =	7020	クレナハ　ナレニレ
90 × 82 =	7380	クレハニ　ナサハレ

90

90 × 83 = 7470	クレハサ　ナヨナレ	90 × 93 = 8370	クレクサ　ハサナレ
90 × 84 = 7560	クレハヨ　ナゴロレ	90 × 94 = 8460	クレクヨ　ハヨロレ
90 × 85 = 7650	クレハゴ　ナロゴレ	90 × 95 = 8550	クレクゴ　ハゴゴレ
90 × 86 = 7740	クレハロ　ナーヨレ	90 × 96 = 8640	クレクロ　ハロヨレ
90 × 87 = 7830	クレハナ　ナハサレ	90 × 97 = 8730	クレクナ　ハナサレ
90 × 88 = 7920	クレハー　ナクニレ	90 × 98 = 8820	クレクハ　ハーニレ
90 × 92 = 8280	クレクニ　ハニハレ		

91 × 12 = 1092 クイイニ　イレクニ

91 × 13 = 1183 クイイサ　イーハサ

91 × 14 = 1274 クイイヨ　イニナヨ

91 × 15 = 1365 クイイゴ　イサロゴ

91 × 16 = 1456 クイイロ　イヨゴロ

91 × 17 = 1547 クイイナ　イゴヨナ

91 × 18 = 1638 クイイハ　イロサハ

91 × 22 = 2002 クイニー　ニレレニ

91 × 23 = 2093 クイニサ　ニレクサ

91 × 24 = 2184 クイニヨ　ニイハヨ

91 × 25 = 2275 クイニゴ　ニーナゴ

91 × 26 = 2366 クイニロ　ニサロー

91 × 27 = 2457 クイニナ　ニヨゴナ

91 × 28 = 2548 クイニハ　ニゴヨハ

91 × 32 = 2912 クイサニ　ニクイニ

91 × 33 = 3003 クイサー　サレレサ

91 × 34 = 3094 クイサヨ　サレクヨ

91 × 35 = 3185 クイサゴ　サイハゴ

91 × 36 = 3276 クイサロ　サニナロ

91 × 37 = 3367 クイサナ　サーロナ

91 × 38 = 3458 クイサハ　サヨゴハ

91 × 42 = 3822 クイヨニ　サハニー

91 × 43 = 3913 クイヨサ　サクイサ

91 × 44 = 4004 クイヨー　ヨレレヨ

91 × 45 = 4095 クイヨゴ　ヨレクゴ

91 × 46 = 4186 クイヨロ　ヨイハロ

91 × 47 = 4277 クイヨナ　ヨニナー

91 × 48 = 4368 クイヨハ　ヨサロハ

91 × 52 = 4732 クイゴニ　ヨナサニ

91 × 53 = 4823 クイゴサ　ヨハニサ

91 × 54 = 4914 クイゴヨ　ヨクイヨ

91 × 55 = 5005 クイゴー　ゴレレゴ

91 × 56 = 5096 クイゴロ　ゴレクロ

91 × 57 = 5187 クイゴナ　ゴイハナ

91 × 58 = 5278 クイゴハ　ゴニナハ

91 × 62 = 5642 クイロニ　ゴロヨニ

91 × 63 = 5733 クイロサ　ゴナサー

91 × 64 = 5824 クイロヨ　ゴハニヨ

91 × 65 = 5915 クイロゴ　ゴクイゴ

91 × 66 = 6006 クイロー　ロレレロ

91 × 67 = 6097 クイロナ　ロレクナ

91 × 68 = 6188 クイロハ　ロイハー

91 × 72 = 6552 クイナニ　ロゴゴニ

91 × 73 = 6643 クイナサ　ローヨサ

91 × 74 = 6734 クイナヨ　ロナサヨ

91 × 75 = 6825 クイナゴ　ロハニゴ

91 × 76 = 6916 クイナロ　ロクイロ

91 × 77 = 7007 クイナー　ナレレナ

91 × 78 = 7098 クイナハ　ナレクハ

91 × 82 = 7462 クイハニ　ナヨロニ

91

91 × 83 = 7553　クイハサ　ナゴゴサ

91 × 84 = 7644　クイハヨ　ナロヨー

91 × 85 = 7735　クオハゴ　ナーサゴ

91 × 86 = 7826　クイハロ　ナハニロ

91 × 87 = 7917　クイハナ　ナクイナ

91 × 88 = 8008　クイハー　ハレレハ

91 × 92 = 8372　クイクニ　ハサナニ

91 × 93 = 8463　クイクサ　ハヨロサ

91 × 94 = 8554　クイクヨ　ハゴゴヨ

91 × 95 = 8645　クイクゴ　ハロヨゴ

91 × 96 = 8736　クイクロ　ハナサロ

91 × 97 = 8827　クイクナ　ハーニナ

91 × 98 = 8918　クイクハ　ハクイハ

・●トピック●・

元号豆知識

(明治〜平成の期間)

明治元年(1868)　10月23日〜明治45年(1912)　7月29日
大正元年(1912)　7月30日〜大正15年(1926)　12月24日
昭和元年(1926)　12月25日〜昭和64年(1989)　1月　7日
平成元年(1989)　1月　8日〜平成31年(2019)　4月30日
令和元年(2019)　5月　1日〜

92 × 12 = 1104　クニイニ　イーレヨ
92 × 13 = 1196　クニイサ　イークロ
92 × 14 = 1288　クニイヨ　イニハー
92 × 15 = 1380　クニイゴ　イサハレ
92 × 16 = 1472　クニイロ　イヨナニ
92 × 17 = 1564　クニイナ　イゴロヨ
92 × 18 = 1656　クニイハ　イロゴロ
92 × 22 = 2024　クニニー　ニレニヨ
92 × 23 = 2116　クニニサ　ニイイロ
92 × 24 = 2208　クニニヨ　ニーレハ
92 × 25 = 2300　クニニゴ　ニサレー
92 × 26 = 2392　クニニロ　ニサクニ
92 × 27 = 2484　クニニナ　ニヨハヨ
92 × 28 = 2576　クニニハ　ニゴナロ
92 × 32 = 2944　クニサニ　ニクヨー
92 × 33 = 3036　クニサー　サレサロ
92 × 34 = 3128　クニサヨ　サイニハ
92 × 35 = 3220　クニサゴ　サニニレ
92 × 36 = 3321　クニサロ　サーニイ
92 × 37 = 3404　クニサナ　サヨレヨ
92 × 38 = 3496　クニサハ　サヨクロ
92 × 42 = 3864　クニヨニ　サハロヨ
92 × 43 = 3956　クニヨサ　サクゴロ
92 × 44 = 4048　クニヨー　ヨレヨハ
92 × 45 = 4140　クニヨゴ　ヨイヨレ
92 × 46 = 4232　クニヨロ　ヨニサニ
92 × 47 = 4324　クニヨナ　ヨサニヨ
92 × 48 = 4416　クニヨハ　ヨーイロ
92 × 52 = 4784　クニゴニ　ヨナハヨ
92 × 53 = 4876　クニゴサ　ヨハナロ
92 × 54 = 4968　クニゴヨ　ヨクロハ
92 × 55 = 5060　クニゴー　ゴレロレ
92 × 56 = 5152　クニゴロ　ゴイゴニ
92 × 57 = 5244　クニゴナ　ゴニヨー
92 × 58 = 5336　クニゴハ　ゴササロ
92 × 62 = 5704　クニロニ　ゴナレヨ
92 × 63 = 5796　クニロサ　ゴナクロ
92 × 64 = 5888　クニロヨ　ゴハハー
92 × 65 = 5980　クニロゴ　ゴクハレ
92 × 66 = 6072　クニロー　ロレナニ
92 × 67 = 6164　クニロナ　ロイロヨ
92 × 68 = 6256　クニロハ　ロニゴロ
92 × 72 = 6624　クニナニ　ローニヨ
92 × 73 = 6716　クニナサ　ロナイロ
92 × 74 = 6808　クニナヨ　ロハレハ
92 × 75 = 6900　クニナゴ　ロクレー
92 × 76 = 6992　クニナロ　ロククニ
92 × 77 = 7084　クニナー　ナレハヨ
92 × 78 = 7176　クニナハ　ナイナロ
92 × 82 = 7544　クニハニ　ナゴヨー

92

92 × 83 =	7636	クニハサ　ナロサロ
92 × 84 =	7728	クニハヨ　ナーニハ
92 × 85 =	7820	クニハゴ　ナハニレ
92 × 86 =	7912	クニハロ　ナクイニ
92 × 87 =	8004	クニハナ　ハレレヨ
92 × 88 =	8096	クニハー　ハレクロ
92 × 92 =	8464	クニクニ　ハヨロヨ
92 × 93 =	8556	クニクサ　ハゴゴロ
92 × 94 =	8648	クニクヨ　ハロヨハ
92 × 95 =	8740	クニクゴ　ハナヨレ
92 × 96 =	8832	クニクロ　ハーサニ
92 × 97 =	8924	クニクナ　ハクニヨ
92 × 98 =	9016	クニクハ　クレイロ

93

93 × 12 =	1116	クサイニ　イーイロ
93 × 13 =	1209	クサイサ　イニレク
93 × 14 =	1302	クサイヨ　イサレニ
93 × 15 =	1395	クサイゴ　イサクゴ
93 × 16 =	1488	クサイロ　イヨハー
93 × 17 =	1581	クサイナ　イゴハイ
93 × 18 =	1674	クサイハ　イロナヨ
93 × 22 =	2046	クサニー　ニレヨロ
93 × 23 =	2139	クサニサ　ニイサク
93 × 24 =	2232	クサニヨ　ニーサニ
93 × 25 =	2325	クサニゴ　ニサニゴ
93 × 26 =	2418	クサニロ　ニヨイハ
93 × 27 =	2511	クサニナ　ニゴイー
93 × 28 =	2604	クサニハ　ニロレヨ
93 × 32 =	2976	クササニ　ニクナロ
93 × 33 =	3069	クササー　サレロク
93 × 34 =	3162	クササヨ　サイロニ
93 × 35 =	3255	クササゴ　サニゴー
93 × 36 =	3348	クササロ　サーヨハ
93 × 37 =	3441	クササナ　サヨヨイ
93 × 38 =	3534	クササハ　サゴサヨ
93 × 42 =	3906	クサヨニ　サクレロ
93 × 43 =	3999	クサヨサ　サクク−
93 × 44 =	4092	クサヨー　ヨレクニ
93 × 45 =	4185	クサヨゴ　ヨイハゴ
93 × 46 =	4278	クサヨロ　ヨニナハ

93 × 47 = 4371	クサヨナ ヨサナイ
93 × 48 = 4464	クサヨハ ヨーロヨ
93 × 52 = 4836	クサゴニ ヨハサロ
93 × 53 = 4929	クサゴサ ヨクニク
93 × 54 = 5022	クサゴヨ ゴレニー
93 × 55 = 5115	クサゴー ゴイイゴ
93 × 56 = 5208	クサゴロ ゴニレハ
93 × 57 = 5301	クサゴナ ゴサレイ
93 × 58 = 5394	クサゴハ ゴサクヨ
93 × 62 = 5766	クサロニ ゴナロー
93 × 63 = 5859	クサロサ ゴハゴク
93 × 64 = 5952	クサロヨ ゴクゴニ
93 × 65 = 6045	クサロゴ ロレヨゴ
93 × 66 = 6138	クサロー ロイサハ
93 × 67 = 6231	クサロナ ロニサイ
93 × 68 = 6324	クサロハ ロサニヨ
93 × 72 = 6696	クサナニ ロークロ
93 × 73 = 6789	クサナサ ロナハク
93 × 74 = 6882	クサナヨ ロハハニ
93 × 75 = 6975	クサナゴ ロクナゴ
93 × 76 = 7068	クサナロ ナレロハ
93 × 77 = 7161	クサナー ナイロイ
93 × 78 = 7254	クサナハ ナニゴヨ
93 × 82 = 7626	クサハニ ナロニロ
93 × 83 = 7719	クサハサ ナーイク
93 × 84 = 7812	クサハヨ ナハイニ
93 × 85 = 7905	クサハゴ ナクレゴ
93 × 86 = 7998	クサハロ ナククハ
93 × 87 = 8091	クサハナ ハレクイ
93 × 88 = 8184	クサハー ハイハヨ
93 × 92 = 8556	クサクニ ハゴゴロ
93 × 93 = 8649	クサクサ ハロヨク
93 × 94 = 8742	クサクヨ ハナヨニ
93 × 95 = 8835	クサクゴ ハーサゴ
93 × 96 = 8928	クサクロ ハクニハ
93 × 97 = 9021	クサクナ クレニイ
93 × 98 = 9114	クサクハ クイイヨ

94

94 × 12 = 1128 クヨイニ イーニハ

94 × 13 = 1222 クヨイサ イニニー

94 × 14 = 1316 クヨイヨ イサイロ

94 × 15 = 1410 クヨイゴ イヨイレ

94 × 16 = 1504 クヨイロ イゴレヨ

94 × 17 = 1598 クヨイナ イゴクハ

94 × 18 = 1692 クヨイハ イロクニ

94 × 22 = 2068 クヨニー ニレロハ

94 × 23 = 2162 クヨニサ ニイロニ

94 × 24 = 2256 クヨニヨ ニーゴロ

94 × 25 = 2350 クヨニゴ ニサゴレ

94 × 26 = 2444 クヨニロ ニヨヨー

94 × 27 = 2538 クヨニナ ニゴサハ

94 × 28 = 2632 クヨニハ ニロサニ

94 × 32 = 3008 クヨサニ サレレハ

94 × 33 = 3102 クヨサー サイレニ

94 × 34 = 3196 クヨサヨ サイクロ

94 × 35 = 3290 クヨサゴ サニクレ

94 × 36 = 3384 クヨサロ サーハヨ

94 × 37 = 3478 クヨサナ サヨナハ

94 × 38 = 3572 クヨサハ サゴナニ

94 × 42 = 3948 クヨヨニ サクヨハ

94 × 43 = 4042 クヨヨサ ヨレヨニ

94 × 44 = 4136 クヨヨー ヨイサロ

94 × 45 = 4230 クヨヨゴ ヨニサレ

94 × 46 = 4324 クヨヨロ ヨサニヨ

94 × 47 = 4418 クヨヨナ ヨーイハ

94 × 48 = 4512 クヨヨハ ヨゴイニ

94 × 52 = 4888 クヨゴニ ヨハハー

94 × 53 = 4982 クヨゴサ ヨクハニ

94 × 54 = 5076 クヨゴヨ ゴレナロ

94 × 55 = 5170 クヨゴー ゴイナレ

94 × 56 = 5264 クヨゴロ ゴニロヨ

94 × 57 = 5358 クヨゴナ ゴサゴハ

94 × 58 = 5452 クヨゴハ ゴヨゴニ

94 × 62 = 5828 クヨロニ ゴハニハ

94 × 63 = 5922 クヨロサ ゴクニー

94 × 64 = 6016 クヨロヨ ロレイロ

94 × 65 = 6110 クヨロゴ ロイイレ

94 × 66 = 6204 クヨロー ロニレヨ

94 × 67 = 6298 クヨロナ ロニクハ

94 × 68 = 6392 クヨロハ ロサクニ

94 × 72 = 6768 クヨナニ ロナロハ

94 × 73 = 6862 クヨナサ ロハロニ

94 × 74 = 6956 クヨナヨ ロクゴロ

94 × 75 = 7050 クヨナゴ ナレゴレ

94 × 76 = 7144 クヨナロ ナイヨー

94 × 77 = 7238 クヨナー ナニサハ

94 × 78 = 7332 クヨナハ ナササニ

94 × 82 = 7708 クヨハニ ナーレハ

94 × 83 = 7802 クヨハサ　ナハレニ

94 × 84 = 7896 クヨハヨ　ナハクロ

94 × 85 = 7990 クヨハゴ　ナククレ

94 × 86 = 8084 クヨハロ　ハレハヨ

94 × 87 = 8178 クヨハナ　ハイナハ

94 × 88 = 8272 クヨハー　ハニナニ

94 × 92 = 8648 クヨクニ　ハロヨハ

94 × 93 = 8742 クヨクサ　ハナヨニ

94 × 94 = 8836 クヨクヨ　ハーサロ

94 × 95 = 8930 クヨクゴ　ハクサレ

94 × 96 = 9024 クヨクロ　クレニヨ

94 × 97 = 9118 クヨクナ　クイイハ

94 × 98 = 9212 クヨクハ　クニイニ

95

95 × 12 = 1140 クゴイニ　イーヨレ
95 × 13 = 1235 クゴイサ　イニサゴ
95 × 14 = 1330 クゴイヨ　イササレ
95 × 15 = 1425 クゴイゴ　イヨニゴ
95 × 16 = 1520 クゴイロ　イゴニレ
95 × 17 = 1615 クゴイナ　イロイゴ
95 × 18 = 1710 クゴイハ　イナイレ
95 × 22 = 2090 クゴニー　ニレクレ
95 × 23 = 2185 クゴニサ　ニイハゴ
95 × 24 = 2280 クゴニヨ　ニーハレ
95 × 25 = 2375 クゴニゴ　ニサナゴ
95 × 26 = 2470 クゴニロ　ニヨナレ
95 × 27 = 2565 クゴニナ　ニゴロゴ
95 × 28 = 2660 クゴニハ　ニロロレ
95 × 32 = 3040 クゴサニ　サレヨレ
95 × 33 = 3135 クゴサー　サイサゴ
95 × 34 = 3230 クゴサヨ　サニサレ
95 × 35 = 3325 クゴサゴ　サーニゴ
95 × 36 = 3420 クゴサロ　サヨニレ
95 × 37 = 3515 クゴサナ　サゴイゴ
95 × 38 = 3610 クゴサハ　サロイレ
95 × 42 = 3990 クゴヨニ　サククレ
95 × 43 = 4085 クゴヨサ　ヨレハゴ
95 × 44 = 4180 クゴヨー　ヨイハレ
95 × 45 = 4275 クゴヨゴ　ヨニナゴ
95 × 46 = 4370 クゴヨロ　ヨサナレ
95 × 47 = 4465 クゴヨナ　ヨーロゴ
95 × 48 = 4560 クゴヨハ　ヨゴロレ
95 × 52 = 4940 クゴゴニ　ヨクヨレ
95 × 53 = 5035 クゴゴサ　ゴレサゴ
95 × 54 = 5130 クゴゴヨ　ゴイサレ
95 × 55 = 5225 クゴゴー　ゴニニゴ
95 × 56 = 5320 クゴゴロ　ゴサニレ
95 × 57 = 5415 クゴゴナ　ゴヨイゴ
95 × 58 = 5510 クゴゴハ　ゴーイレ
95 × 62 = 5890 クゴロニ　ゴハクレ
95 × 63 = 5985 クゴロサ　ゴクハゴ
95 × 64 = 6080 クゴロヨ　ロレハレ
95 × 65 = 6175 クゴロゴ　ロイナゴ
95 × 66 = 6270 クゴロー　ロニナレ
95 × 67 = 6365 クゴロナ　ロサロゴ
95 × 68 = 6460 クゴロハ　ロヨロレ
95 × 72 = 6840 クゴナニ　ロハヨレ
95 × 73 = 6935 クゴナサ　ロクサゴ
95 × 74 = 7030 クゴナヨ　ナレサレ
95 × 75 = 7125 クゴナゴ　ナイニゴ
95 × 76 = 7220 クゴナロ　ナニニレ
95 × 77 = 7315 クゴナー　ナサイゴ
95 × 78 = 7410 クゴナハ　ナヨイレ
95 × 82 = 7790 クゴハニ　ナークレ

95 × 83 = 7885	クゴハサ　ナハハゴ	95 × 93 = 8835	クゴクサ　ハーサゴ
95 × 84 = 7980	クゴハヨ　ナクハレ	95 × 94 = 8930	クゴクヨ　ハクサレ
95 × 85 = 8075	クゴハゴ　ハレナゴ	95 × 95 = 9025	クゴクゴ　クレニゴ
95 × 86 = 8170	クゴハロ　ハイナレ	95 × 96 = 9120	クゴクロ　クイニレ
95 × 87 = 8265	クゴハナ　ハニロゴ	95 × 97 = 9215	クゴクナ　クニイゴ
95 × 88 = 8360	クゴハー　ハサロレ	95 × 98 = 9310	クゴクハ　クサイレ
95 × 92 = 8740	クゴクニ　ハナヨレ		

トピック

1~999までたすといくつでしょうか？

999 ×(999+1)÷ 2=499500
になります。

※ 1 ～ 1000 の足し算
1000 ×(1000+1)÷ 2= □

96

式	答え	読み	式	答え	読み
96 × 12 =	1152	クロイニ　イーゴニ	96 × 46 =	4416	クロヨロ　ヨーイロ
96 × 13 =	1248	クロイサ　イニヨハ	96 × 47 =	4512	クロヨナ　ヨゴイニ
96 × 14 =	1344	クロイヨ　イサヨー	96 × 48 =	4608	クロヨハ　ヨロレハ
96 × 15 =	1440	クロイゴ　イヨヨレ	96 × 52 =	4992	クロゴニ　ヨククニ
96 × 16 =	1536	クロイロ　イゴサロ	96 × 53 =	5088	クロゴサ　ゴレハー
96 × 17 =	1632	クロイナ　イロサニ	96 × 54 =	5184	クロゴヨ　ゴイハヨ
96 × 18 =	1728	クロイハ　イナニハ	96 × 55 =	5280	クロゴー　ゴニハレ
96 × 22 =	2112	クロニー　ニイイニ	96 × 56 =	5376	クロゴロ　ゴサナロ
96 × 23 =	2208	クロニサ　ニーレハ	96 × 57 =	5472	クロゴナ　ゴヨナニ
96 × 24 =	2304	クロニヨ　ニサレヨ	96 × 58 =	5568	クロゴハ　ゴーロハ
96 × 25 =	2400	クロニゴ　ニヨレー	96 × 62 =	5952	クロロニ　ゴクゴニ
96 × 26 =	2496	クロニロ　ニヨクロ	96 × 63 =	6048	クロロサ　ロレヨハ
96 × 27 =	2592	クロニナ　ニゴクニ	96 × 64 =	6144	クロロヨ　ロイヨー
96 × 28 =	2688	クロニハ　ニロハー	96 × 65 =	6240	クロロゴ　ロニヨレ
96 × 32 =	3072	クロサニ　サレナニ	96 × 66 =	6336	クロロー　ロササロ
96 × 33 =	3168	クロサー　サイロハ	96 × 67 =	6432	クロロナ　ロヨサニ
96 × 34 =	3264	クロサヨ　サニロヨ	96 × 68 =	6528	クロロハ　ロゴニハ
96 × 35 =	3360	クロサゴ　サーロレ	96 × 72 =	6912	クロナニ　ロクイニ
96 × 36 =	3456	クロサロ　サヨゴロ	96 × 73 =	7008	クロナサ　ナレレハ
96 × 37 =	3552	クロサナ　サゴゴニ	96 × 74 =	7104	クロナヨ　ナイレヨ
96 × 38 =	3648	クロサハ　サロヨハ	96 × 75 =	7200	クロナゴ　ナニレー
96 × 42 =	4032	クロヨニ　ヨレサニ	96 × 76 =	7296	クロナロ　ナニクロ
96 × 43 =	4128	クロヨサ　ヨイニハ	96 × 77 =	7392	クロナー　ナサクニ
96 × 44 =	4224	クロヨー　ヨニニヨ	96 × 78 =	7488	クロナハ　ナヨハー
96 × 45 =	4320	クロヨゴ　ヨサニレ	96 × 82 =	7872	クロハニ　ナハナニ

96 × 83 = 7968	クロハサ　ナクロハ	96 × 93 = 8928	クロクサ　ハクニハ
96 × 84 = 8064	クロハヨ　ハレロヨ	96 × 94 = 9024	クロクヨ　クレニヨ
96 × 85 = 8160	クロハゴ　ハイロレ	96 × 95 = 9120	クロクゴ　クイニレ
96 × 86 = 8256	クロハロ　ハニゴロ	96 × 96 = 9216	クロクロ　クニイロ
96 × 87 = 8352	クロハナ　ハサゴニ	96 × 97 = 9312	クロクナ　クサイニ
96 × 88 = 8448	クロハー　ハヨヨハ	96 × 98 = 9408	クロクハ　クヨレハ
96 × 92 = 8832	クロクニ　ハーサニ		

トピック

計算のショートカット術

（「○○× 25」の計算方法）

二桁掛け算では、「○○× 25」の計算について、以下のような方法で計算方法を簡単にすることができます。
「逆数」という考え方を登場させるのです。「逆数」というのは、ある数に逆数をかけると答えが「1」となる数字のことを、元の数字の「逆数」といいます。したがって、あらゆる乗算（掛け算）は、元の数字を「逆数で割る」のと同じ「解」が得られます。
「20 × 25」という乗算を考えた場合、「逆数」を代入すると「20 ÷ 0.04（25 の逆数）」となり、「0.04」は「4 ／ 100」ですので
「20 ÷ 4 × 100」にて解が求められます。こうすると外見上も演算もすっきりして「暗算」も容易にできるようになります。

「32 × 25」は「32 ÷ 4 × 100」となり、解は「800」

「55 × 25」は「55 ÷ 4 × 100」となり、解は「13.75 × 100」で「1375」

などのように 1 桁割り算の領域内で処理をすることができてしまうのです。
このような計算方式が当てはまるものに「○○× 50」があります。この場合は、すでにおわかりのように、「2」で割って「100」を掛けるのです。

97

97 × 12 = 1164 クナイニ イーロヨ

97 × 13 = 1261 クナイサ イニロイ

97 × 14 = 1358 クナイヨ イサゴハ

97 × 15 = 1455 クナイゴ イヨゴー

97 × 16 = 1552 クナイロ イゴゴニ

97 × 17 = 1649 クナイナ イロヨク

97 × 18 = 1746 クナイハ イナヨロ

97 × 22 = 2134 クナニー ニイサヨ

97 × 23 = 2231 クナニサ ニーサイ

97 × 24 = 2328 クナニヨ ニサニハ

97 × 25 = 2425 クナニゴ ニヨニゴ

97 × 26 = 2522 クナニロ ニゴニー

97 × 27 = 2619 クナニナ ニロイク

97 × 28 = 2716 クナニハ ニナイロ

97 × 32 = 3104 クナサニ サイレヨ

97 × 33 = 3201 クナサー サニレイ

97 × 34 = 3298 クナサヨ サニクハ

97 × 35 = 3395 クナサゴ サークゴ

97 × 36 = 3492 クナサロ サヨクニ

97 × 37 = 3589 クナサナ サゴハク

97 × 38 = 3686 クナサハ サロハロ

97 × 42 = 4074 クナヨニ ヨレナヨ

97 × 43 = 4171 クナヨサ ヨイナイ

97 × 44 = 4268 クナヨー ヨニロハ

97 × 45 = 4365 クナヨゴ ヨサロゴ

97 × 46 = 4462 クナヨロ ヨーロニ

97 × 47 = 4559 クナヨナ ヨゴゴク

97 × 48 = 4656 クナヨハ ヨロゴロ

97 × 52 = 5044 クナゴニ ゴレヨー

97 × 53 = 5141 クナゴサ ゴイヨイ

97 × 54 = 5238 クナゴヨ ゴニサハ

97 × 55 = 5335 クナゴー ゴササゴ

97 × 56 = 5432 クナゴロ ゴヨサニ

97 × 57 = 5529 クナゴナ ゴーニク

97 × 58 = 5626 クナゴハ ゴロニロ

97 × 62 = 6014 クナロニ ロレイヨ

97 × 63 = 6111 クナロサ ロイイー

97 × 64 = 6208 クナロヨ ロニレハ

97 × 65 = 6305 クナロゴ ロサレゴ

97 × 66 = 6402 クナロー ロヨレニ

97 × 67 = 6499 クナロナ ロヨクー

97 × 68 = 6596 クナロハ ロゴクロ

97 × 72 = 6984 クナナニ ロクハヨ

97 × 73 = 7081 クナナサ ナレハイ

97 × 74 = 7178 クナナヨ ナイナハ

97 × 75 = 7275 クナナゴ ナニナゴ

97 × 76 = 7372 クナナロ ナサナニ

97 × 77 = 7469 クナナー ナヨロク

97 × 78 = 7566 クナナハ ナゴロー

97 × 82 = 7954 クナハニ ナクゴヨ

97 × 83 = 8051 クナハサ　ハレゴイ
97 × 84 = 8148 クナハヨ　ハイヨハ
97 × 85 = 8245 クナハゴ　ハニヨゴ
97 × 86 = 8342 クナハロ　ハサヨニ
97 × 87 = 8439 クナハナ　ハヨサク
97 × 88 = 8536 クナハー　ハゴサロ
97 × 92 = 8924 クナクニ　ハクニヨ
97 × 93 = 9021 クナクサ　クレニイ
97 × 94 = 9118 クナクヨ　クイイハ
97 × 95 = 9215 クナクゴ　クニイゴ
97 × 96 = 9312 クナクロ　クサイニ
97 × 97 = 9409 クナクナ　クヨレク
97 × 98 = 9506 クナクハ　クゴレロ

トピック

開　平
平方九九
1・1　が1
2・2　が4
3・3　が9
4・4　16
5・5　25
6・6　36
7・7　49
8・8　64
9・9　81

開　立
平方九九
1・1　が1
2・2　が4
3・3　が9
4・4　16
5・5　25
6・6　36
7・7　49
8・8　64
9・9　81

開　平
半九九
1・1　が0.5
2・2　が2
3・3　が4.5
4・4　が8
5・5　12.5
6・6　18
7・7　24.5
8・8　32
9・9　40.5

開　立
立方九九
1・1　が1
2・2　が8
3・3　が27
4・4　64
5・5　125
6・6　216
7・7　343
8・8　512
9・9　729

98

98 × 12 = 1176 クハイニ　イーナロ
98 × 13 = 1274 クハイサ　イニナヨ
98 × 14 = 1372 クハイヨ　イサナニ
98 × 15 = 1470 クハイゴ　イヨナレ
98 × 16 = 1568 クハイロ　イゴロハ
98 × 17 = 1666 クハイナ　イロロー
98 × 18 = 1764 クハイハ　イナロヨ
98 × 22 = 2156 クハニー　ニイゴロ
98 × 23 = 2254 クハニサ　ニーゴヨ
98 × 24 = 2352 クハニヨ　ニサゴニ
98 × 25 = 2450 クハニゴ　ニヨゴレ
98 × 26 = 2548 クハニロ　ニゴヨハ
98 × 27 = 2646 クハニナ　ニロヨロ
98 × 28 = 2744 クハニハ　ニナヨー
98 × 32 = 3136 クハサニ　サイサロ
98 × 33 = 3234 クハサー　サニサヨ
98 × 34 = 3332 クハサヨ　サーサニ
98 × 35 = 3430 クハサゴ　サヨサレ
98 × 36 = 3528 クハサロ　サゴニハ
98 × 37 = 3626 クハサナ　サロニロ
98 × 38 = 3724 クハサハ　サナニヨ
98 × 42 = 4116 クハヨニ　ヨイイロ
98 × 43 = 4214 クハヨサ　ヨニイヨ
98 × 44 = 4312 クハヨー　ヨサイニ
98 × 45 = 4410 クハヨゴ　ヨーイレ

98 × 46 = 4508 クハヨロ　ヨゴレハ
98 × 47 = 4606 クハヨナ　ヨロレロ
98 × 48 = 4704 クハヨハ　ヨナレヨ
98 × 52 = 5096 クハゴニ　ゴレクロ
98 × 53 = 5194 クハゴサ　ゴイクヨ
98 × 54 = 5292 クハゴヨ　ゴニクニ
98 × 55 = 5390 クハゴー　ゴサクレ
98 × 56 = 5488 クハゴロ　クヨハー
98 × 57 = 5586 クハゴナ　ゴーハロ
98 × 58 = 5684 クハゴハ　ゴロハヨ
98 × 62 = 6076 クハロニ　ロレナロ
98 × 63 = 6174 クハロサ　ロイナヨ
98 × 64 = 6272 クハロヨ　ロニナニ
98 × 65 = 6370 クハロゴ　ロサナレ
98 × 66 = 6468 クハロー　ロヨロハ
98 × 67 = 6566 クハロナ　ロゴロー
98 × 68 = 6664 クハロハ　ローロヨ
98 × 72 = 7056 クハナニ　ナレゴロ
98 × 73 = 7154 クハナサ　ナイゴヨ
98 × 74 = 7252 クハナヨ　ナニゴニ
98 × 75 = 7350 クハナゴ　ナサゴレ
98 × 76 = 7448 クハナロ　ナヨヨハ
98 × 77 = 7546 クハナー　ナゴヨロ
98 × 78 = 7644 クハナハ　ナロヨー
98 × 82 = 8036 クハハニ　ハレサロ

98 × 83 = 8134	クハハサ　ハイサヨ
98 × 84 = 8232	クハハヨ　ハニサニ
98 × 85 = 8330	クハハゴ　ハササレ
98 × 86 = 8428	クハハロ　ハヨニハ
98 × 87 = 8526	クハハナ　ハゴニロ
98 × 88 = 8624	クハハー　ハロニヨ
98 × 92 = 9016	クハクニ　クレイロ
98 × 93 = 9114	クハクサ　クイイヨ
98 × 94 = 9212	クハクヨ　クニイニ
98 × 95 = 9310	クハクゴ　クサイレ
98 × 96 = 9408	クハクロ　クヨレハ
98 × 97 = 9506	クハクナ　クゴレロ
98 × 98 = 9604	クハクハ　クロレヨ

トピック

数字のウラに数字あり〜お金の話〜

みなさんが、日常使用している日本の硬貨や紙幣ですが、材料代や製作費という別の数字の観点から調べてみると、もう一つの数字の世界があらわれます。
(製造原価には諸説があり、概算値です。)

貨　幣	製造原価
1円玉	約2円
5円玉	約7円
10円玉	約10円
50円玉	約20円
100円玉	約25円
500円玉	約30円
紙　幣	
1000円札	約15円
5000円札	約21円
1万円札	約23円

99

$99 \times 12 = 1188$	クーイニ　イーハー
$99 \times 13 = 1287$	クーイサ　イニハナ
$99 \times 14 = 1386$	クーイヨ　イサハロ
$99 \times 15 = 1485$	クーイゴ　イヨハゴ
$99 \times 16 = 1584$	クーイロ　イゴハヨ
$99 \times 17 = 1683$	クーイナ　イロハサ
$99 \times 18 = 1782$	クーイハ　イナハニ
$99 \times 22 = 2178$	クーニー　ニイナハ
$99 \times 23 = 2277$	クーニサ　ニーナー
$99 \times 24 = 2376$	クーニヨ　ニサナロ
$99 \times 25 = 2475$	クーニゴ　ニヨナゴ
$99 \times 26 = 2574$	クーニロ　ニゴナヨ
$99 \times 27 = 2673$	クーニナ　ニロナサ
$99 \times 28 = 2772$	クーニハ　ニナナニ
$99 \times 32 = 3168$	クーサニ　サイロハ
$99 \times 33 = 3267$	クーサー　サニロナ
$99 \times 34 = 3366$	クーサヨ　サーロー
$99 \times 35 = 3465$	クーサゴ　サヨロゴ
$99 \times 36 = 3564$	クーサロ　サゴロヨ
$99 \times 37 = 3663$	クーサナ　サロロサ
$99 \times 38 = 3762$	クーサハ　サナロニ
$99 \times 42 = 4158$	クーヨニ　ヨイゴハ
$99 \times 43 = 4257$	クーヨサ　ヨニゴナ
$99 \times 44 = 4356$	クーヨー　ヨサゴロ
$99 \times 45 = 4455$	クーヨゴ　ヨーゴー
$99 \times 46 = 4554$	クーヨロ　ヨゴゴヨ
$99 \times 47 = 4653$	クーヨナ　ヨロゴサ
$99 \times 48 = 4752$	クーヨハ　ヨナゴニ
$99 \times 52 = 5148$	クーゴニ　ゴイヨハ
$99 \times 53 = 5247$	クーゴサ　ゴニヨナ
$99 \times 54 = 5346$	クーゴヨ　ゴサヨロ
$99 \times 55 = 5445$	クーゴー　ゴヨヨゴ
$99 \times 56 = 5544$	クーゴロ　ゴーヨー
$99 \times 57 = 5643$	クーゴナ　ゴロヨサ
$99 \times 58 = 5742$	クーゴハ　ゴナヨニ
$99 \times 62 = 6138$	クーロニ　ロイサハ
$99 \times 63 = 6237$	クーロサ　ロニサナ
$99 \times 64 = 6336$	クーロヨ　ロササロ
$99 \times 65 = 6435$	クーロゴ　ロヨサゴ
$99 \times 66 = 6534$	クーロー　ロゴサヨ
$99 \times 67 = 6633$	クーロナ　ローサー
$99 \times 68 = 6732$	クーロハ　ロナサニ
$99 \times 72 = 7128$	クーナニ　ナイニハ
$99 \times 73 = 7227$	クーナサ　ナニニナ
$99 \times 74 = 7326$	クーナヨ　ナサニロ
$99 \times 75 = 7425$	クーナゴ　ナヨニゴ
$99 \times 76 = 7524$	クーナロ　ナゴニヨ
$99 \times 77 = 7623$	クーナー　ナロニサ
$99 \times 78 = 7722$	クーナハ　ナーニー
$99 \times 82 = 8118$	クーハニ　ハイイハ

99 × 83 = 8217	クーハサ　ハニイナ	99 × 93 = 9207	クークサ　クニレナ
99 × 84 = 8316	クーハヨ　ハサイロ	99 × 94 = 9306	クークヨ　クサレロ
99 × 85 = 8415	クーハゴ　ハヨイゴ	99 × 95 = 9405	クークゴ　クヨレゴ
99 × 86 = 8514	クーハロ　ハゴイヨ	99 × 96 = 9504	クークロ　クゴレヨ
99 × 87 = 8613	クーハナ　ハロイサ	99 × 97 = 9603	クークナ　クロレサ
99 × 88 = 8712	クーハー　ハナイニ	99 × 98 = 9702	クークハ　クナレニ
99 × 92 = 9108	クークニ　クイレハ	99 × 99 = 9801	クークー　クハレイ

11 × 11 =	121	イーイー　イニイ
12 × 12 =	144	イニイニ　イヨー
13 × 13 =	169	イサイサ　イロク
14 × 14 =	196	イヨイヨ　イクロ
15 × 15 =	225	イゴイゴ　ニニゴ
16 × 16 =	256	イロイロ　ニゴロ
17 × 17 =	289	イナイナ　ニハク
18 × 18 =	324	イハイハ　サニヨ
19 × 19 =	361	イクイク　サロイ
20 × 20 =	400	ニレニレ　ヨレー
21 × 21 =	441	ニイニイ　ヨヨイ
22 × 22 =	484	ニーニー　ヨハヨ
23 × 23 =	529	ニサニサ　ゴニク
24 × 24 =	576	ニヨニヨ　ゴナロ
25 × 25 =	625	ニゴニゴ　ロニゴ
26 × 26 =	676	ニロニロ　ロナロ
27 × 27 =	729	ニナニナ　ナニク
28 × 28 =	784	ニハニハ　ナハヨ
29 × 29 =	841	ニクニク　ハヨイ
30 × 30 =	900	サレサレ　クレー
31 × 31 =	961	サイサイ　クロイ
32 × 32 =	1024	サニサニ　イレニヨ
33 × 33 =	1089	サーサー　イレハク
34 × 34 =	1156	サヨサヨ　イーゴロ
35 × 35 =	1225	サゴサゴ　イニニゴ
36 × 36 =	1296	サロサロ　イニクロ
37 × 37 =	1369	サナサナ　イサロク
38 × 38 =	1444	サハサハ　イヨヨー
39 × 39 =	1521	サクサク　イゴニイ
40 × 40 =	1600	ヨレヨレ　イロレー
41 × 41 =	1681	ヨイヨイ　イロハイ
42 × 42 =	1764	ヨニヨニ　イナロヨ
43 × 43 =	1849	ヨサヨサ　イハヨク
44 × 44 =	1936	ヨーヨー　イクサロ
45 × 45 =	2025	ヨゴヨゴ　ニレニゴ
46 × 46 =	2116	ヨロヨロ　ニイイロ
47 × 47 =	2209	ヨナヨナ　ニーレク
48 × 48 =	2304	ヨハヨハ　ニサレヨ
49 × 49 =	2401	ヨクヨク　ニヨレイ
50 × 50 =	2500	ゴレゴレ　ニゴレー
51 × 51 =	2601	ゴイゴイ　ニロレイ
52 × 52 =	2704	ゴニゴニ　ニナレヨ
53 × 53 =	2809	ゴサゴサ　ニハレク
54 × 54 =	2916	ゴヨゴヨ　ニクイロ
55 × 55 =	3025	ゴーゴー　サレニゴ
56 × 56 =	3136	ゴロゴロ　サイサロ
57 × 57 =	3249	ゴナゴナ　サニヨク
58 × 58 =	3364	ゴハゴハ　サーロヨ
59 × 59 =	3481	ゴクゴク　サヨハイ
60 × 60 =	3600	ロレロレ　サロレー

61 × 61 =	3721	ロイロイ　サナニイ
62 × 62 =	3844	ロニロニ　サハヨー
63 × 63 =	3969	ロサロサ　サクロク
64 × 64 =	4096	ロヨロヨ　ヨレクロ
65 × 65 =	4225	ロゴロゴ　ヨニニゴ
66 × 66 =	4356	ローロー　ヨサゴロ
67 × 67 =	4489	ロナロナ　ヨーハク
68 × 68 =	4624	ロハロハ　ヨロニヨ
69 × 69 =	4761	ロクロク　ヨナロイ
70 × 70 =	4900	ナレナレ　ヨクレー
71 × 71 =	5041	ナイナイ　ゴレヨイ
72 × 72 =	5184	ナニナニ　ゴイハヨ
73 × 73 =	5329	ナサナサ　ゴサニク
74 × 74 =	5476	ナヨナヨ　ゴヨナロ
75 × 75 =	5625	ナゴナゴ　ゴロニゴ
76 × 76 =	5776	ナロナロ　ゴナナロ
77 × 77 =	5929	ナーナー　ゴクニク
78 × 78 =	6084	ナハナハ　ロレハヨ
79 × 79 =	6241	ナクナク　ロニヨイ
80 × 80 =	6400	ハレハレ　ロヨレー
81 × 81 =	6561	ハイハイ　ロゴロイ
82 × 82 =	6724	ハニハニ　ロナニヨ
83 × 83 =	6889	ハサハサ　ロハハク
84 × 84 =	7056	ハヨハヨ　ナレゴロ
85 × 85 =	7225	ハゴハゴ　ナニニゴ
86 × 86 =	7396	ハロハロ　ナサクロ
87 × 87 =	7569	ハナハナ　ナゴロク
88 × 88 =	7744	ハーハー　ナーヨー
89 × 89 =	7921	ハクハク　ナクニイ
90 × 90 =	8100	クレクレ　ハイレー
91 × 91 =	8281	クイクイ　ハニハイ
92 × 92 =	8464	クニクニ　ハヨロヨ
93 × 93 =	8649	クサクサ　ハロヨク
94 × 94 =	8836	クヨクヨ　ハーサロ
95 × 95 =	9025	クゴクゴ　クレニゴ
96 × 96 =	9216	クロクロ　クニイロ
97 × 97 =	9409	クナクナ　クヨレク
98 × 98 =	9604	クハクハ　クロレヨ
99 × 99 =	9801	クークー　クハレイ

著者略歴

村上　邦男（むらかみ　くにお）

1939 年　東京都品川区生まれ

1952 年　品川区立山中小学校卒業

1955 年　品川区立浜川中学校卒業

1958 年　攻玉社商業高等学校卒業

元印刷会社経営

元珠算塾経営

2014 年　特許取得

特許第 6514748 号

そろばん用スライド定位点標識ガイド板

趣味　メダカ・小鳥の飼育、団栗独楽作り、

大相撲観戦、口笛、ケンダマ、そろばん

数字にちょっと強くなる

二桁かけざん九九

令和 2 年 9 月 9 日　初版発行

著　者　　村上　邦男

発行・発売　株式会社三省堂書店／創英社

〒101-0051　東京都千代田区神田神保町1-1

Tel：03-3291-2295　Fax：03-3292-7687

印刷／製本　三省堂印刷株式会社

ISBN978-4-87923-054-6　C0041